U0321047

“十四五”国家重点出版物出版规划项目
民族文字出版专项资金资助项目

高原精灵科普丛书
哺乳动物家族篇
（汉藏对照）

GAO YUAN JING LING KE PU CONG SHU
BU RU DONG WU JIA ZU PIAN
(HAN ZANG DUI ZHAO)

༄། །མཐོ་སྒང་སྲོག་ཆགས་ཀྱི་ཤེས་བྱའི་དཔེ་ཚོགས།
ནོ་འཐུང་སྲོག་ཆགས་ཀྱི་ཁྱིམ་རྒྱུད་སྐོར།
(རྒྱ་བོད་ཤན་སྦྱར)

张同作　主编
张同作 高红梅　编
觉乃 · 云才让　译

གཙོ་སྒྲིག ཀྲང་ཐུང་ཙུའོ།
རྩོམ་སྒྲིག ཀྲང་ཐུང་ཙུའོ། ཀའོ་ཧུང་མེ།
བསྒྱུར་མཁན། ཅོ་ནེ་ཡུམ་ཚེ་རིང་།

青海人民出版社

图书在版编目（CIP）数据

高原精灵科普丛书．哺乳动物家族篇 ：汉藏对照 / 张同作主编 ；张同作，高红梅编 ；觉乃·云才让译．-- 西宁 ：青海人民出版社，2024.10
ISBN 978-7-225-06673-8

Ⅰ．①高… Ⅱ．①张… ②高… ③觉… Ⅲ．①哺乳动物纲—青少年读物—汉、藏 Ⅳ．① Q095-49 ② Q96-49

中国国家版本馆 CIP 数据核字（2023）第 236545 号

高原精灵科普丛书

哺乳动物家族篇（汉藏对照）

张同作 主编

张同作 高红梅 编

觉乃·云才让 译

出 版 人 樊原成

出版发行 青海人民出版社有限责任公司

西宁市五四西路 71 号 邮政编码：810023 电话：（0971）6143426（总编室）

发行热线 （0971）6143516/6137730

网 址 http: //www.qhrmcbs.com

印 刷 青海雅丰彩色印刷有限责任公司

经 销 新华书店

开 本 710mm×1020mm 1/16

印 张 13.75

字 数 160 千

版 次 2024 年 10 月第 1 版 2024 年 10 月第 1 次印刷

书 号 ISBN 978-7-225-06673-8

定 价 48.00 元

《哺乳动物家族篇》
编委会

主　编：张同作　　高红梅

副主编：蔡振媛　　顾海峰　　江　峰　　周晓禹

编　委：陈家瑞　　迟翔文　　黄岩淦　　李　斌　　梁程博　　刘道鑫
　　　　蒲小燕　　祁智霞　　宋鹏飞　　孙海彦　　覃　雯　　汪海静
　　　　徐　波　　闫京艳　　张　萌　　张婧捷　　赵　航

摄　影：白玛次成　鲍永清　　布　琼　　蔡　征　　曾祥乐　　崔春起
　　　　高红梅　　更求曲朋　郭松涛　　胡义波　　黄岩淦　　郎文瑞
　　　　李　斌　　李秉廷　　刘道鑫　　南木桑　　切　嘎　　青　却
　　　　肉　保　　桑　热　　尚国珍　　宋鹏飞　　孙春生　　图登华旦
　　　　王小炯　　文　德　　徐　波　　许明远　　雅格多杰　张同作

《ཧོ་འབྲུང་སྲོག་ཆགས་ཀྱི་ཁྲིམ་རྒྱུད་སྐོར》

རྩོམ་སྒྲིག་ཞུ་ཡོན་ལྷན་ཁང་།

གཙོ་སྒྲིག་པ། ཀྲང་ཐྲུང་རྩུའོ། ཀའོ་ཧྲུང་མེ།

གཙོ་སྒྲིག་པ་གཞོན་པ། ཚའེ་ཀྲེན་ཡོན། ཀུའུ་ཧྲའེ་ཧྲེང་། ཅང་ཧྲིན། ཀྲོའུ་ཞའོ་ཡུས།

རྩོམ་སྒྲིག་ཞུ་ཡོན། ཁྲེན་ཅ་ཙུའེ། ཁྲི་ཞང་ཕྲུན། ཧོང་ཡན་ཀན། ལི་པིན། ལིའང་ཁྲེང་པོ། ལིའུ་ཧྲའོ་ཞིན།

ཕྲུའུ་ཞའོ་ཡན། ཆེ་ཀྲི་ཞ། སུང་པེན་ཧྲེ། སུན་ཧྲའེ་ཡན། ཆེན་ཕྲུན། ཤང་ཧྲའེ་ཅིན།

ཞུས་པོ། ཡན་ཅིན་ཡན། ཀྲང་མིན། ཀྲང་ཅིན་ཅེ། ཀྲའོ་ཧྲང་།

པར་ལེན་པ། པད་མ་རྒྱལ་ཁྲིམས། པའོ་ཡུང་ཆེང་། བུ་རྒྱུང་། ཚའེ་ཀྲེང་། ཅེང་ཞང་ལེ། རྒྱུའེ་ཁྲུན་ཆེ།

ཀའོ་ཧྲུང་མའེ། དཀོན་མཆོག་ཆོས་འཕེལ། ཀུའོ་སུང་ཐའོ། ཧྲུའུ་དབྱི་པོ། ཧོང་ཡན་ཀན། ལང་ཕྲུན་ཙུའེ།

ལི་པིན། ལི་པིང་ཐིན། ལིའུ་ཧྲའོ་ཞིན། གནམ་བཟང་། ཆོས་དགའ། ཆོས་མཆོག

རིག་པའོ། བཟང་རིགས། ཧྲང་གོ་ཀྲེན། སུང་པེང་ཧྲེ། སུན་ཁྲུན་ཧྲེང་། ཐུབ་བསྟན་དཔལ་ལྡན།

ཤང་ཞའོ་ཙུང་། ཕྲུན་ཏི། ཞུས་པོ། ཞུས་མིང་ཡོན། ཉ་དགེ་རྡོ་རྗེ། ཀྲང་ཐྲུང་རྩུའོ།

前 言

青藏高原是中国最大、世界海拔最高的高原，被誉为“世界屋脊”和“地球第三极”，是亚洲乃至全球气候变化的“调节器”，也是我国重要的生态安全屏障。青藏高原具有海拔高、空气稀薄、气候严寒、太阳辐射强等特征，是生物多样性最丰富和最集中的高海拔地区之一，被誉为“珍稀野生动植物天然园和高原物种基因库”。作为全球生物多样性热点区域和优先保护区，青藏高原分布着多种重点保护物种，且濒危物种占比较大。

本书编写团队长期在青藏高原工作，通过多年的野外调查和研究积累，基本掌握了青藏高原野生兽类的本底现状。在此基础上，同时参考《中国生物多样性红色名录·脊椎动物卷》《中国哺乳动物多样性及地理分布》《青海经济动物志》和《青海脊椎动物种类与分布》等专著,精选出多种主要分布于青藏高原的哺乳动物，编写了本书。书中共记录青藏高原野生哺乳动物 50 种，隶属于 6 目 17 科，其中国家Ⅰ级重点保护野生动物 17 种，国家Ⅱ级重点保护野生动物 19 种，中国特有物种 9 种。

本书对这些青藏高原哺乳动物的学名、英文名、别称、形态特征、生态习性、地理分布和保护级别做了简要介绍。每个物种配备了 2 张彩色照片，能清晰地展现物种形态特征，易于读者进行物种鉴别。本书的出版可为广大科研工作者、林业工作者、摄影爱好者、自然教育行业人士和生态观察者提供研究参考及野外物种辨识依据。

该研究工作得到了第二次青藏高原综合科学考察研究项目（2019QZKK0501）和青海省“昆仑英才－高端创新创业人才”计划培养团队项目的支持；中国科学院高原生物适应与进化重点实验室和青海省动物生态基因组学重点实验室提供了研究平台和实验条件。三江源时代影像中心／青海国家公园影像中心、中国科学院动物研究所胡义波研究员、西北大学郭松涛教授以及摄影爱好者曾祥乐提供了部分物种的照片，在此一并致谢！

尽管每个物种的文字描述材料和照片都经过多次校对和订正，文中疏漏和错误之处仍在所难免，欢迎广大读者批评指正。

编者

2024 年 1 月

གླེང་གཞི།

མདོ་དབུས་མཐོ་སྒང་ནི་ཀྲུང་གོའི་ཆེས་ཆེ་ཤོས་དང་འཛམ་གླིང་ཐོག་རྒྱ་མཚོའི་ངོས་ལས་ས་བབ་མཐོ་ཤོས་ཀྱི་མཐོ་སྒང་ཞིག་ཡིན་པས"སའི་གོ་ལའི་སྟེ་གསུམ་པ"དང"འཛམ་གླིང་ཡང་རྩེ"ཞེས་པའི་མཚན་སྙན་ཐོབ་ཡོད། མདོ་དབུས་མཐོ་སྒང་ནི་ཨེ་ཤེ་ཡ་དང་ཐ་ན་གོ་ལ་ཧྲིལ་པོའི་གནམ་གཤིས་འགྱུར་ལྡོག་གི"སྙོམས་སྒྲིག་ཡོ་བྱད"ཅིག་ཡིན་ལ་རང་རྒྱལ་གྱི་སྐྱེ་ཁམས་སྲུང་སྐྱོབ་ཀྱི་བདེ་འཛུགས་སྲུང་ཡོལ་གལ་ཆེན་ཞིག་ཀྱང་རེད། མདོ་དབུས་མཐོ་སྒང་ལ་ས་བབ་མཐོ་བ་དང་། དགུན་རླུང་དཀོན་པ། གནམ་གཤིས་གྲང་ངར་ཆེ་བ། ཉི་མའི་འགྲེད་འཕྲོ་ཆེ་བ་སོགས་ཀྱི་ཁྱད་ཆོས་ལྡན་ཡོད། དེ་ནི་སྐྱེ་དངོས་སྣ་མང་རང་བཞིན་ཕུན་སུམ་ཚོགས་ཤོས་དང་གཅིག་སྤྱུད་ཆེ་ཤོས་ཀྱི་ས་བབ་མཐོ་བའི་ས་ཁུལ་གྱི་གྲས་ཤིག་ཡིན་པས"ཤིན་ཏུ་དཀོན་པའི་རི་སྐྱེས་སྲོག་ཆགས་དང་རྩི་ཤིང་གི་རང་བྱུང་གླིང་ཁ་དང་ས་མཐོའི་སྐྱེ་དངོས་རིགས་ཀྱི་གཞི་རྒྱུའི་མཛོད་ཁང"ཞེས་རྗོད་ཀྱིན་ཡོད། གོ་ལ་ཧྲིལ་པོའི་སྐྱེ་དངོས་སྣ་མང་རང་བཞིན་གྱི་གལ་ཆེའི་ས་ཁོངས་དང་སྲུང་སྐྱོབ་དམིགས་སུ་འཛིན་པའི་ས་ཁུལ་ཞིག་ཡིན་པའི་ཆ་ནས། མདོ་དབུས་མཐོ་སྒང་དུ་གཙོ་གནད་སྲུང་སྐྱོབ་བྱེད་པའི་སྐྱེ་དངོས་སྣ་ཚོགས་ཡོད་པར་མ་ཟད། དེ་བས་ཀྱང་ཉེན་བཅར་སྲོག་ཆགས་ཀྱང་མང་པོ་ཡོད།

དེབ་འདིའི་རྩོམ་སྒྲིག་ཚོགས་པས་མདོ་དབུས་མཐོ་སྒང་ནས་ཡུན་རིང་ཕྱུག་ལས་གནང་བ་དང་ལོ་མང་རིང་ཕྱི་རོལ་དུ་བརྟག་དཔྱད་དང་ཞིབ་འཇུག་བྱས་པ་བརྒྱུད་མདོ་དབུས་མཐོ་སྒང་གི་རི་སྐྱེས་སྲོག་ཆགས་ཀྱི་གནས་ཚུལ་སྤྱིར་ཁོང་དུ་ཆུད་ཡོད་ཅིང་། རྨང་གཞི་དེའི་ཐོག《ཀྲུང་གོའི་སྐྱེ་དངོས་སྣ་མང་རང་བཞིན་གྱི་མིང་ཐོ་དེབ་དམར་མ་ལས་སྐལ་ཚོགས་སྲོག་ཆགས་ཀྱི་རིགས》དང་།《ཀྲུང་གོའི་འོ་འཕྲུང་སྲོག་ཆགས་ཀྱི་སྣ་མང་རང་བཞིན་དང་ས་ཁམས་ཁྱབ་ཚུལ》《མཚོ་སྔོན་གྱི་དཔལ་འབྱོར་སྲོག་ཆགས་ཀྱི་ལོ་རྒྱུས》《མཚོ་སྔོན་གྱི་སྐལ་ཚོགས་སྲོག་ཆགས་ཀྱི་རིགས་དང་ཁྱབ་སྟངས》སོགས་ཆེད་རྩོམ་དཔྱད་གཞིར་བཟུང་ནས་མདོ་དབུས་མཐོ་སྒང་ལ་ཁྱབ་པའི་འོ་འཕྲུང་སྲོག་ཆགས་སྣ་མང་ལེགས་འདེམས་ཀྱིས་དཔེ་དེབ་ཅིག་རྩོམ་སྒྲིག་བྱས་པ་རེད། དེབ་འདིའི་ནང་མདོ་དབུས་མཐོ་སྒང་གི་རི་སྐྱེས་འོ་འཕྲུང་སྲོག་ཆགས་རིགས50ཡོད་པ་དེ་ཁག6དང་ཚན་པ17གྱི་ཁོངས་སུ་གཏོགས་ཤིང་། དེའི་ནང་རྒྱལ་ཁབ་ཀྱི་རིམ་པ་དང་པོའི་གཙོ་གནད་སྲུང་སྐྱོབ་བྱ་ཡུལ་རི་

སྐྱེས་སྒྲིག་ཆགས་རིགས17དང་། རྒྱལ་ཁབ་ཀྱི་རིམ་པ་གཉིས་པའི་གཙོ་གནད་སྲུང་སྐྱོབ་བྱ་ཡུལ་གྱི་རི་སྐྱེས་སྒྲིག་ཆགས་རིགས19ལས་ཀྱང་གོར་དམིགས་བསལ་དུ་ཡོད་པའི་སྒྲིག་ཆགས་རིགས9བཅས་ཡོད་པ་རེད།

དེབ་འདིའི་ནང་མདོ་དབུས་མཐོ་སྒང་གི་ལོ་འཁྱུང་སྒྲིག་ཆགས་ཀྱི་རིག་གཞུང་གི་མིང་དང་། དབྱིན་ཡིག་གི་མིང་། མིང་གཞན་པ། གཟུགས་དབྱིབས་ཁྱད་ཆོས། སྐྱེ་ཁམས་གོམས་གཤིས། ས་ཁམས་ཁྱབ་ཚུལ། སྲུང་སྐྱོབ་རིམ་པ་བཅས་ངོ་སྤྲོད་མདོར་བསྡུས་ཤིག་བྱས་ཡོད། དཔེ་དེབ་འདིའི་ནང་དུ་སྐྱེ་དངོས་རེ་རེ་ཡི་ཁ་དོག་ཅན་གྱི་འདྲ་པར2བཞག་ཡོད་དེ། དེ་ལས་སྐྱེ་དངོས་རིགས་ཀྱི་གཟུགས་དབྱིབས་ཀྱི་ཁྱད་ཆོས་གསལ་པོར་མཚོན་ཐུབ་པས། ཀློག་པ་པོ་རྣམས་ཀྱིས་སྐྱེ་དངོས་རིགས་ཀྱི་དབྱེ་བ་འབྱེད་པར་ཕན་ཐོགས་ཆེན་པོ་ཡོད། དེབ་འདི་པར་དུ་བསྐྲུན་པས་རྒྱ་ཆེའི་ཚན་ཞིབ་ལས་དོན་པ་དང་། ནགས་ལས་ལས་དོན་པ། པར་ལེན་ལ་དགའ་མཁན། རང་བྱུང་སྐྱོབ་གསོའི་ལས་རིགས་ཀྱི་མི་སྣ། སྐྱེ་ཁམས་ལྟ་ཞིབ་པ་སོགས་ལ་ཞིབ་འཇུག་གི་དཔྱད་གཞི་དང་ཕྱི་རོལ་གྱི་དངོས་རིགས་དབྱེ་འབྱེད་ཀྱི་གཞི་འཛིན་ས་མཐོ་འདོན་བྱེད་ཐུབ།

ཞིབ་འཇུག་ལས་དོན་ལ་མདོ་དབུས་མཐོ་སྒང་གི་ཚན་རིག་རྟོག་ཞིབ་ཞིབ་འཇུག་རྣམ་གྲངས་ཐེངས་གཉིས་པ(2019QZKK0501)དང་མཚོ་སྔོན་ཞིང་ཆེན་གྱི“ཁྱུན་ཉུ་ཤེས་ལྡན་མི་སྣ་དང་རྩེར་སོན་གསར་གཏོད་ལས་གཏོད་ཀྱི་ཤེས་ལྡན་མི་སྣའི”འཆར་གཞིའི་གསོ་སྐྱོང་ཚོགས་པའི་རྣམ་གྲངས་ཀྱི་རྒྱབ་སྐྱོར་ཐོབ་པ་དང་། ཀྲུང་གོའི་ཚན་རིག་ཁང་མཐོ་སྒང་སྐྱེ་དངོས་འཕྲོད་མཐུན་དང་འཕེལ་འགྱུར་གྱི་གཙོ་གནད་ཚོད་ལྟ་ཁང་། མཚོ་སྔོན་ཞིང་ཆེན་སྒྲིག་ཆགས་སྐྱེ་ཁམས་གཞི་རྒྱུའི་ཚན་རིག་རིག་པའི་གཙོ་གནད་ཚོད་ལྟ་ཁང་གིས་ཞིབ་འཇུག་སྙིགས་བུ་དང་ཚོད་ལྟའི་ཆ་རྐྱེན་མཁོ་འདོན་བྱས་ཡོད། དུས་མཚུངས་སུ་གཙང་གསུམ་ཆུ་འགོའི་དུས་རབས་གཟུགས་བརྙན་ལྟེ་གནས / མཚོ་སྔོན་རྒྱལ་ཁབ་སྤྱི་གླིང་གཟུགས་བརྙན་ལྟེ་གནས་དང་ཀྲུང་གོའི་ཚན་རིག་ཁང་སྒྲིག་ཆགས་ཞིབ་འཇུག་སུའོ་ཡི་ཞིབ་འཇུག་པ་ཧྲུའུ་དབྱི་པོ་དང་ནུབ་བྱང་སློབ་ཆེན་གྱི་དགེ་རྒན་ཆེ་མོ་ཀུའོ་སུང་ཐའོ། དེ་བཞིན་པར་ལེན་ལ་དགའ་མོས་མཁན་ཅེང་ཞང་ལི་ཡིས་དངོས་རིགས་ཁག་ཅིག་གི་འདྲ་པར་མཁོ་འདོན་བྱས་པར་མཉམ་དུ་ཐུགས་རྗེ་ཆེ་ཞུས་པ་ཡིན།

དེབ་འདིའི་ནང་གི་ལོ་འཁྱུང་སྒྲིག་ཆགས་རེ་རེའི་རྒྱུ་ཆ་དང་འདྲ་པར་ལ་ཐེངས་མང་པོར་ཞུ་དག་དང་དག་བཅོས་བྱས་ཡོད་ཀྱང་། ང་ཚོང་ཆད་ལུས་དང་ནོར་འཁྲུལ་བྱུང་བ་ནི་གཡོལ་ཐབས་མེད་པ་ཞིག་ཡིན་པས། རྒྱ་ཆེའི་ཀློག་པ་པོ་རྣམས་ཀྱིས་སྐྱོན་བརྗོད་དང་མཛུབ་སྟོན་ཡང་ཡང་གནང་རོགས།

རྩོམ་སྒྲིག་པས།

2024ལོའི་ཟླ1པར།

目 录

哺乳纲 **MAMMALIA** /1

灵长目 PRIMATES /1

猴 科 Cercopithecidae /1

1. 猕猴 *Macaca mulatta* /1
2. 川金丝猴 *Rhinopithecus roxellana* /5
3. 滇金丝猴 *Rhinopithecus bieti* /9

འོ་འབྱུང་གི་སྐོར། **MAMMALIA** /3

སེམས་ལྡན་གྱི་རིགས། PRIMATES /3

སྤྲེའུ་ཡི་ཚན་པ། Cercopithecidae /3

1. སྤྲེའུ། *Maca mulatta* /3
2. སི་ཁྲོན་གྱི་སྤྲེའུ་རྒྱ་སེ། *Rhinopithecus roxellana* /7
3. ཡུན་ནན་གྱི་སྤྲེའུ་རྒྱ་སེ། *Rhinopithecus bieti* /11

鲸偶蹄目 CETARTIODACTYLA /13

鹿科 Cervidae /13

4. 白唇鹿 *Przewalskium albirostris* /13
5. 水鹿 *Rusa unicolor* /17
6. 毛冠鹿 *Elaphodus cephalophus* /21
7. 梅花鹿 *Cervus nippon* /25
8. 狍 *Capreolus pygargus* /29
9. 马鹿 *Cervus elaphus* /33

ཆུ་སྲིན་རྨིག་ཟུང་ཅན་གྱི་སྡེ་ཁག CETARTIODACTYLA /15

ཤྭ་བ་ཡི་ཚན་པ། Cervidae /15

4. ཤྭ་བ་མཆུ་དཀར། *Przewalskium albirostris* /15
5. ཆུ་ཤྭ། *Rusa unicolor* /19
6. ཤྭ་བ་སྤུ་སྨྱུག་ཅན། *Elaphodus cephalophus* /23
7. ཤྭ་ཁྲ། *Cervus nippon* /27
8. ཁ་ཤ *Capreolus pygargus* /31
9. ཤྭ་སེར། *Cervus elaphus* /35

牛科 Bovidae /37

10. 野牦牛 *Bos mutus* /37
11. 中华鬣羚 *Capricornis milneedwardsii* /41
12. 盘羊 *Ovis ammon* /45
13. 藏羚 *Pantholops hodgsonii* /49
14. 藏原羚 *Procapra picticaudata* /53
15. 鹅喉羚 *Gazella subgutturosa* /57
16. 普氏原羚 *Procapra przewalskii* /61
17. 喜马拉雅斑羚 *Naemorhedus goral* /65
18. 岩羊 *Pseudois nayaur* /69

བ་གླང་གི་ཚན་པ། Bovidae /39

10. འབྲོང། *Bos mutus* /39
11. ཀྱུང་ཏུ་གཙོད། *Capricornis milneedwardsii* /43
12. གཉན། *Ovis ammon* /47
13. གཙོད། *Pantholops hodgsonii* /51
14. བོད་ཐང་གཙོད། *Procapra picticaudata* /55
15. ངང་རིགས་གཙོད། *Gazella subgutturosa* /59
16. ཕུ་རྗེ་དགོ་བ། *Procapra przewalskii* /63
17. ཧི་མ་ལ་ཡའི་གཙོད་རིགས། *Naemorhedus goral* /67
18. གནའ་བ། *Pseudois nayaur* /71

麝科 Moschidae /73

19. 马麝 *Moschus chrysogaster* /73
20. 林麝 *Moschus berezovskii* /77

གླ་རིགས། Moschidae /75

19. གླ་བ། *Moschus chrysogaster* /75
20. ནགས་གླ། *Moschus berezovskii* /79

骆驼科 Camelidae /81

21. 双峰驼 *Camelus ferus* /81

རྔ་མོང་ཚན་པ། Camelidae /83

21. རྔ་མོང་། *Camelus ferus* /83

猪科 Suidae /85

22、野猪 *Sus scrofa* /85

ཕག་གི་རིགས། Suidae /87

22. ཕག་རྒོད། *Sus scrofa* /87

奇蹄目 PERISSODACTYLA /89
马 科 Equidae /89

23. 藏野驴 *Equus kiang* /89

སྨིག་པ་ཅན་གྱི་སྡེ་ཁག PERISSODACTYLA /91
རྟ་ཡི་ཚན་པ། Equidae /91

23. རྐྱང་། *Equus kiang* /91

食肉目 CARNIVORA /93
猫 科 Felidae /93

24. 兔狲 *Otocolobus manul* /93
25. 雪豹 *Panthera uncia* /97
26. 豹猫 *Prionailurus bengalensis* /101
27. 豹 *Panthera pardus* /105
28. 荒漠猫 *Felis bieti* /109
29. 猞猁 *Lynx lynx* /113

ཤ་གཟན་སྡེ་ཁག CARNIVORA /95
ཞི་ལའི་ཚན་པ། Felidae /95

24. རི་བྱི། *Otocolobus manul* /95
25. གསའ། *Panthera uncia* /99
26. རི་ཞུམ། *Prionailurus bengalensis* /103
27. གཟིག *Panthera pardus* /107

28. བྱི་བྱི། *Felis bieti* /111
29. དབྱི། *Lynx lynx* /115

熊科 Ursidae /117

30. 棕熊 *Ursus arctos* /117
31. 大熊猫 *Ailuropoda melanoleuca* /121

དོམ་རིགས་ཀྱི་ཚན་པ། Ursidae /119

30. དྲེད་མོང་། *Ursus arctos* /119
31. དོམ་ཆེན། *Ailuropoda melanoleuca* /123

小熊猫科 Ailuridae /125

32. 喜马拉雅小熊猫 *Ailurus fulgens* /125

དོམ་ཆུང་ཚན་པ། Ailuridae /127

32. ཧི་མ་ལ་ཡའི་དོམ་ཆུང་། *Ailurus fulgens* /127

犬科 Canidae /129

33. 狼 *Canis lupus* /129
34. 豺 *Cuon alpinus* /133
35. 藏狐 *Vulpes ferrilata* /137
36.赤狐 *Vulpes vulpes* /141

ཁྱིའི་ཚན་པ། Canidae /131

33. སྤྱང་ཀི། *Canis lupus* /131
34. འཕར་བ། *Cuon alpinus* /135
35. བོད་ཝ། *Vulpes ferrilata* /139
36. ཝ་དམར། *Vulpes vulpes* /143

鼬科 Mustelidae /145

37. 香鼬 *Mustela altaica* /145
38. 欧亚水獭 *Lutra lutra* /149

39. 黄喉貂 *Martes flavigula* /153
40. 黄鼬 *Mustela sibirica* /157
41. 艾鼬 *Mustela eversmanii* /161
42. 石貂 *Martes foina* /165
43. 亚洲狗獾 *Meles leucurus* /169
44. 猪獾 *Arctonyx collaris* /173

བྱི་རིགས་ཀྱི་ཚན་པ། Mustelidae /147

37. སྲེ་ཆུང་། *Mustela altaica* /147
38. ཨོ་ལ་ཆུ་སྲམ། *Lutra lutra* /151
39. ཨོག་དཀར། *Martes flavigula* /155
40. སྲེ་མོང་། *Mustela sibirica* /159
41. ཧྲི་ལོ། *Mustela eversmanii* /163
42. ཨོག་དཀར་ནག་པོ། *Martes foina* /167
43. ཡ་གླིང་གི་ཕྲི་གྲུམ། *Meles leucurus* /171
44. ཕག་གྲུམ། *Arctonyx collaris* /175

兔形目 LAGOMORPHA /177
鼠兔科 Ochotonidae /177

45. 高原鼠兔 *Ochotona curzoniae* /177
46. 红耳鼠兔 *Ochotona erythrotis* /181

རི་བོང་གི་སྡེ་ཁག LAGOMORPHA /179
བྱི་བ་དང་རི་བོང་གི་ཚན་པ། Ochotonidae /179

45. ས་མཐོའི་རི་བོང་། *Ochotona curzoniae* /179
46. རྣ་དམར་རི་བོང་། *Ochotona erythrotis* /183

兔科 Leporidae /185

47. 灰尾兔 *Lepus oiostolus* /185

རི་བོང་ཚན་པ། Leporidae /187

47. རི་བོང་ཇ་སྐྱ། *Lepus oiostolus* /187

啮齿目 RODENTIA　/189
松鼠科 Sciuridae　/189

48. 喜马拉雅旱獭 *Marmota himalayana*　/189

སོ་སྨི་བརྗེ་བའི་སྡེ་ཁག RODENTIA　/191
ནགས་བྱིའི་ཚན་པ། Sciuridae　/191

48. ཧི་མ་ལ་ཡའི་འཕྱི་བ། *Marmota himalayana*　/191

仓鼠科 Cricetidae　/193

49. 根田鼠 *Alexandromys oeconomus*　/193

བྱི་ལའི་ཚན་པ། Cricetidae　/195

49. ཞིང་བྱི། *Alexandromys oeconomus*　/195

鼹形鼠科 Spalacidae　/197

50. 高原鼢鼠 *Eospalax baileyi*　/197

བྱི་ལོང་ཚན་པ། Spalacidae　/199

50. ས་མཐོའི་བྱི་ལོང་། *Eospalax baileyi*　/199

参考文献　/201
ཟུར་ལྟའི་ཡིག་ཆ།　/203

哺乳纲 **MAMMALIA**
灵长目 PRIMATES
猴　科 Cercopithecidae

1. 猕猴 *Macaca mulatta*
英文名：Rhesus Macaque

形态特征：属于小型猴科动物，体长约 40—60 厘米，尾长 15—28 厘米，雄猴体重约 8 千克，雌猴体重约 5 千克。头呈棕色，颜面瘦削，面部多为肉色，眉骨高，眼窝深，鼻孔朝下，吻部突出，牙齿 32 枚，有可以储存食物的颊囊。身被灰褐色毛，腰部以下为橙黄色或橙红色，胸腹部和腿部为灰色，不同地区的个体体色有差异，臀部发达，多为肉红色，锁骨发达，四肢等长且关节灵活，前后肢可以前后左右自由运动，便于灵活稳定地抓握树枝，四肢触觉灵敏，具有防止滑落的作用。掌面和跖面裸出，具有发达的肉垫，手足均有 5 指（趾），具扁平的指甲，手足的拇指（趾）和其余 4 指（趾）相对，可以握合。雄性比雌性强壮。

生态习性：猕猴集群生活，几十或上百只为一群，每群由猴王统帅，群居于森林中。常爱攀藤上树，喜觅峭壁岩洞，活动范围很大。猴群在集体行动时，会有一只猴子专门放哨，若发现异常情况，会立刻发出信号让猴群迅速转移。善于攀援跳跃和游泳，会模仿人的动作，有喜怒哀乐的情绪。以树叶、嫩枝、果实、野菜等为食，也吃小鸟、鸟蛋、各种昆虫。只食甜熟果子，未熟果即刻丢弃，故猴群过处往往遍地断枝弃果，由于对食物品质要求高，必须要扩大觅食范围，活动时间往往也较长。春夏际产仔，每胎产 1 仔，妊娠期 5 个月左右，哺乳期约 4 个月。

地理分布：国内主要分布于山西、云南、四川、湖南、广西、浙江、安徽、福建、江西、河南、湖北、广东、海南、贵州、西藏、陕西、甘肃、青海、香港和重庆。

保护级别：国家Ⅱ级重点保护野生动物；中国生物多样性红色名录－无危（LC）。

ནུ་འཕྲུང་གི་སྐོར། MAMMALIA
སེམས་ལྡན་གྱི་རིགས། PRIMATES
སྤྲེའུ་ཡི་ཚན་པ། Cercopithecidae

1. སྤྲེའུ། *Macaca mulatta*
   དབྱིན་ཡིག་གི་མིང་། Rhesus Macaque

གཟུགས་དབྱིབས་ཁྱད་ཆོས། སྤྲེའུ་འདི་ནི་སྤྲེའུ་ཚན་གྱི་སྲོག་ཆགས་ཆུང་གྲས་ཀྱི་རིགས་ཡིན་ལ་གཟུགས་པོའི་རིང་ཚད་ལ་ལི་སྨི40—60དང་། རྔ་མའི་རིང་ཚད་ལ་ལི་སྨི15—28 ཕོ་སྤྲེའུ་ཡི་ལྗིད་ཚད་ལ་སྤྱི་གྲ8ཙམ་དང་མོ་སྤྲེའུ་ཡི་ལྗིད་ཚད་ལ་སྤྱི་གྲ5ཙམ་ཡོད། མགོ་ནི་རྫ་མདོག་ཡིན་ལ། གདོང་གི་ཤ་སྐམ་ཞིང་རིད་པ། གདོང་མདོག་ཤ་མདོག་ཡིན། སྨིན་ཐུས་མཐོ་ཞིང་མིག་ཁུང་ཟབ་པ། སྣ་ཁུང་འོག་ཏུ་ཕྱོགས་པ། མཆུ་འཕུར་བ། སོ32ཡོད་ལ། ཟས་རིགས་གསོག་ཐུབ་པའི་འགྲམ་ཁུག་ཀྱང་ཡོད། ལུས་ཀྱི་སྤུ་སྨུག་སྐྱ་དང་། རྐེད་པའི་འོག་ནི་ལི་སེར་རམ་ལི་དམར་ཡིན། བྲང་གི་གསུས་གནས་དང་རྐང་པ་ནི་སྐྱ་བོ་ཡིན། ས་ཁུལ་མི་འདྲ་བའི་སྤྲེའུ་ཡི་བྲེ་བྲག་གི་མདོག་ལ་ཁྱད་པར་ཡོད། འཕོངས་ཚོས་ཆེ་ཞིང་མདོག་དམར་པོ་ཡིན། སུག་བཞི་རིང་ཐུང་མཉམ་ཞིང་ལྷུ་ཚིགས་ལྡེམ་སྒྱུར་ཆེ། ལག་སུག་གཉིས་དང་རྐང་སུག་གཉིས་ཡར་མར་དང་གཡས་གཡོན་དུ

འགྲུལ་ཐུབ་པས། སྡོང་བོའི་ཡག་གར་འཛིན་པར་སྟབས་བདེ་ཞིང་། སུག་བཞི་ཡི་ཚེར་བ་སྐྱེན་པས་སྡོང་མགོ་ནས་མི་ལྷུང་བའི་བྱེད་ནུས་ལྡན། སྤྱིར་ངོས་དང་རྐང་མཐིལ་རྗེན་པ་ཡིན་པ་དང་། དེར་ཤ་གདན་མང་པོ་ཡོད་ལ། རྐང་ལག་ལ་མཛུབ་མོ5རེ་ཡོད་ཅིང་། སྤྱིར་ལེབ་ཅན་གྱི་སེན་མོ་ཡོད། རྐང་ལག་གི་མཐེ་བོང་། དེ་མིན་གྱི་སོར་མོ4སྟོས་བཅས་སུ་ཡོད་པས་མཉམ་དུ་ཉུབ་ནས་ཕྱར་མོ་བཅིངས་ཐུབ། ཕོ་ནི་མོ་ལས་སྟོབས་ཆེ།

སྐྱེ་ཁམས་གོམས་གཤིས། སྤྲེའུ་འདི་རིགས་ཁྱུ་ཚོགས་བྱས་ནས་འཚོ་བས། བཅུ་ཕྲག་ཁ་ཤས་སམ་ཡང་ན་བརྒྱ་གྲངས་ལོངས་པ་ཁྱུ་གཅིག་ཡིན་ལ། ཁྱུ་ཚོགས་རེ་རེ་ནི་སྤྲེའུ་རྒྱལ་པོས་བཀོད་འདོམས་བྱེད་པ་དང་ནགས་ཚལ་ཁྲོད་དུ་འཚོ་སྡོད་བྱེད་ཀྱིན་ཡོད། རྒྱུན་དུ་སྡོང་མགོར་འཛེག་རྒྱུར་དགའ་ལ། བྲག་རྫོའི་བྲག་ཕུག་འཚོལ་རྒྱུར་ཧ་ཅང་དགའ། འགྲུལ་སྐྱོད་ཀྱི་ཁྱབ་ཁོངས་ཧ་ཅང་ཆེ། སྤྲེའུ་ཚོགས་ཀྱིས་ཐུན་མོང་དུ་འགྲུལ་སྐྱོད་བྱེད་སྐབས་སྤྲེའུ་ཞིག་གིས་ཆེད་དུ་སོ་ལྟ་བྱེད་ཀྱིན་ཡོད་པས། གལ་ཏེ་རྒྱུན་ལྡན་མིན་པའི་གནས་ཚུལ་མཐོང་ན། འཕྲལ་མར་བརྡ་བཏང་སྟེ་སྤྲེའུ་རྣམས་མྱུར་དུ་གནས་སྒྲོ་རུ་འཛུག་གིན་ཡོད། མཆོང་རྩལ་དང་རྒྱུ་རྐྱལ་ལ་མཁས། མིའི་འགྲུལ་སྟངས་ལ་ལད་མོ་བྱེད་ཤེས། དགའ་སྐྱོ་གཉིས་ལྡན་གྱི་སེམས་ཁམས་ཡོད། ལོ་མ་དང་ཡལ་ག་གསར་པ། ཤིང་འབྲས། སྔོ་ཚོད་སོགས་ཟ་ཞིང་། བྱེའུ་དང་སྒོ་ང་། འབུ་སྲིན་སྦྲ་ཚོགས་ཀྱང་ཟ། ཤིང་འབྲས་མངར་མོ་ཁོ་ན་ཟ་བ་ལས་སྨིན་མེད་པའི་ཤིང་འབྲས་འཕྲལ་མར་གཡུག་གིན་ཡོད་པས་སྤྲེའུ་ཡི་འཚོ་ཡུལ་གང་སར་ཡལ་ག་ཆད་ནས་ཤིང་འབྲས་འཐོར་གྱིན་ཡོད། སྟོ་ཆས་ཀྱི་སྐྱུས་ཚད་མཐོན་པོ་དགོས་པས་ངེས་པར་དུ་སྟོ་ཆས་འཚོལ་བའི་ཁྱབ་ཁོངས་རྒྱ་ཆེ་རུ་གཏོང་དགོས། འགྲུལ་སྐྱོད་ཀྱི་དུས་ཚོད་ཀྱང་རིང་པོ་ཡོད། དཔྱིད་ཀ་དང་དབྱར་ཁར་སྤྲེའུ་ཕྲུག་བཙའ་སྐབས་སྤྲེའུ་མ་རེར་ཕྲུ་གུ1རེ་བཙའ་བཞིན་ཡོད་པ་དང་། མངལ་ཆགས་པའི་དུས་ཚོད་ཟླ5ཡས་མས་དང་ནུ་མ་སྣུན་པའི་དུས་ཚོད་ཟླ4ཙམ་ཡིན།

ས་ཁམས་ཁྱབ་ཚུལ། རྒྱལ་ནང་དུ་གཙོ་བོར་ཧྲན་ཞི་དང་། ཡུན་ནན། སི་ཁྲོན། ཧུའུ་ནན། ཀོང་ཞི། ཀྲེ་ཅང་། ཨན་ཧུའེ། ཧྥུ་ཅན། ཅང་ཞི། ཧོ་ནན། ཧུའུ་པེ། ཀོང་ཏུང་། ཧའེ་ནན། ཀུའེ་ཀྲོའུ། བོད་ལྗོངས། ཧྲའན་ཞི། ཀན་སུའུ། མཚོ་སྔོན། ཞང་ཀང་། ཁྲུང་ཆིང་བཅས་སུ་ཁྱབ་ཡོད།

སྲུང་སྐྱོབ་རིམ་པ། རྒྱལ་ཁབ་ཀྱི་རིམ་པ II གཙོ་གནད་སྲུང་སྐྱོབ་བྱ་བའི་རི་སྐྱེས་སྲོག་ཆགས། ཀྲུང་གོའི་སྐྱེ་དངོས་སྣ་མང་རང་བཞིན་གྱི་མིང་ཐོ་དམར་པོ་ལས་ཉེན་ཁ་མེད་པའི་རིགས་སུ་གཏོགས། (LC)

2. 川金丝猴 *Rhinopithecus roxellana*
英文名：Sichuan Snub-nosed Monkey

形态特征：体形强壮，成体体重 8—20 千克，体长 45—80 厘米，尾长 40—80 厘米，后足长 18—23 厘米，耳长 3—5 厘米。雄性体型比雌性大。头圆、耳短，面部裸露皮肤天蓝色，吻部短且突出，唇部为黑色，较厚实。鼻梁凹，鼻孔上仰，耳隐藏于毛丛中，难以观察。雄性成体犬齿发达。四肢发达且粗壮。川金丝猴从幼年到成年毛色逐渐变深，毛的厚度不断增加。成年猴头部有金黄色毛冠，长约 50 毫米，毛尖深灰褐或褐色。

生态习性：川金丝猴分布于海拔 1500—3300 米处地形复杂的生境中，是典型的林栖动物，常年栖息在常绿落叶阔叶混交林带、落叶阔叶林带、针阔叶混交林带、亚高山针叶林带中。食性较为复杂，以植物为主，采食多种植物的嫩芽、树皮和果实等，偶尔也捕捉鸟类、昆虫等小型动物。食物结构存在明显的季节性变化，春季主要采食植物的嫩芽、嫩叶和花蕾、花苞；夏秋季节多采食果实、苔藓和地衣等；冬季食物缺乏，主要啃食树皮、坚果和枝条等。孕期为6个月左右，多于3—4月产仔，个别也有在2月或5月产仔的，繁殖具有明显的季节性，由于不同种群栖息地气候存在差异，繁殖期不尽相同。

地理分布：中国特有种。分布于四川、甘肃、陕西、重庆和湖北。

保护级别：国家Ⅰ级重点保护野生动物；中国生物多样性红色名录－近危（NT）。

2. སེ་ཁྲོན་གྱི་སྤྲེའུ་རྒྱ་སེ། *Rhinopithecus roxellana*
དབྱིན་ཡིག་གི་མིང་། Sichuan Snub-nosed Monkey

གཟུགས་དབྱིབས་ཁྱད་ཆོས། སྤྲེའུ་འདི་རིགས་ཀྱི་གཟུགས་སྟོབས་ཆེ་ཞིང་། དར་མའི་ལྗིད་ཚད་ལ་སྟོང་ཁེ8—20དང་། གཟུགས་པོའི་རིང་ཚད་ལ་ལི་སྨི45—80 ཇ་མའི་རིང་ཚད་ལ་ལི་སྨི40—80 རྐང་སུག་གི་རིང་ཚད་ལ་ལི་སྨི18—23 རྣ་ཡི་རིང་ཚད་ལ་ལི་སྨི3—5བཅས་ཡོད། ཕོ་ཡི་གཟུགས་དབྱིབས་ནི་མོ་ལས་ཆེ། མགོ་སྒོར་ལ་རྣ་ཐུང་བ། གདོང་ངོས་ཕྱིར་མངོན་པའི་པགས་པ་སྔོན་པོ་ཡིན་པ། མཆུ་ཐུང་ལ་འབུར་བ། མཆུ་མདོག་ནག་ལ་ཅུང་མཐུག་པ། སྣ་གདོང་གཡོང་བ་དང་སྣ་ཁུང་སྟེང་ལ་གྱེན་པ། རྣ་སྤུ་ཆོམ་གྱི་ཁྲོད་དུ་ཐུས་པས་ལྟ་ཞིབ་བྱེད་དཀའ། ཕོ་རིགས་ཀྱི་མཆེ་བ་ཆེ་ཞིང་རྐང་ལག་ཆེ་ཞིང་སྦོམ་པོ་ཡིན། སེ་ཁྲོན་གྱི་སྤྲེའུ་རྒྱ་སེ་ནི་ཆུང་དུས་ནས་ནར་སོན་པའི་སྐབས་ཀྱི་སྤུ་མདོག་འགྱུར་ཞིང་། སྤུ་ཡི་མཐུག་ཚད་མུ་མཐུད་དུ་ཇེ་ཆེར་འགྲོ་བཞིན་ཡོད། ནར་སོན་པའི་སྤྲེའུ་ཡི་མགོ་ན་སྤུ་ཞ་སེར་པོ་ཡོད་ལ་རིང་ཚད་ལ་ཧྲའོ་སྨི50ཙམ་ཡོད་པ་

དང་། སྤྲ་རྩེ་ཡི་མདོག་ནི་སྨུག་པོའམ་ཁམ་སྨུག་ཡིན།

སྐྱེ་ཁམས་གོམས་གཤིས། སི་ཁྲོན་གྱི་སྤྲེའུ་རྒྱ་སེ་འདི་ནི་མཚོ་ངོས་ལས་མཐོ་ཚད་སྨི1500—3300མཚམས་ཀྱི་ས་དབྱིབས་རྙོག་འཛིང་ཆེ་བའི་ཁོར་ཡུག་ཏུ་གནས་ཡོད། དེ་ནི་དཔེ་མཚོན་གྱི་ནགས་ཁྲོད་དུ་འཚོ་སྡོད་བྱེད་པའི་སྲོག་ཆགས་ཤིག་ཡིན། ཟས་གཤིས་རྩང་སྣ་མང་ཡིན་ཏེ། གཙོ་བོར་རྩི་ཤིང་སྣ་ཚོགས་ཀྱི་སྨྱུ་གུ་གསར་པ་དང་སྡོང་ཤུན་དང་འབྲས་བུ་སོགས་ཟ་ལ། མཚམས་རེར་འདབ་ཆགས་དང་འབུ་སྲིན་སོགས་སྲོག་ཆགས་ཆུང་གྲས་འཛིན་གྱིན་ཡོད། ཟ་མའི་གྲུབ་ཚུལ་ལ་དུས་ཚིགས་རང་བཞིན་གྱི་འགྱུར་ལྡོག་མངོན་གསལ་ཡོད་དེ། དཔྱིད་དུས་སུ་རྩྭ་ཟ་བས་རྩི་ཤིང་གི་སྨྱུ་གུ་གསར་པ་དང་། ལོ་མ་གསར་པ། མེ་ཏོག་གི་ཐིའུ་གསར་པ། མེ་ཏོག་གི་གང་བུ་བཅས་དང་། དབྱར་སྟོན་གྱི་དུས་སུ་ཤིང་འབྲས་དང་སྨོ་དྲེག ཐང་རས་སོགས་མང་པོ་ཟ་བ་དང་། དགུན་གྱི་ཟས་རིགས་དཀོན་པའི་དུས་ལ་གཙོ་བོར་སྡོང་ཤུན་དང་མཁྲིགས་འབྲས། སྡོང་བོའི་ཡལ་ག་སོགས་ཟ་བཞིན་ཡོད། མངལ་ཆགས་པའི་དུས་ནི་ཟླ6ཡས་མས་ཡིན་ལ། མང་ཤོས་ཟླ3—4པའི་བར་དུ་སྤྲེའུ་ཕྲུག་བཙའ་བ་དང་། ལ་ལས་ཟླ2པའམ5པར་སྤྲེའུ་ཕྲུག་བཙའ་བཞིན་ཡོད། སྐྱེ་འཕེལ་ལ་དུས་ཚིགས་ཀྱི་རང་བཞིན་མངོན་གསལ་དོད་པོ་ཡོད། ཁྱུ་ཚོགས་མི་འདྲ་བའི་འཚོ་སྡོད་ཁུལ་ལ་གནམ་གཤིས་ཀྱི་ཁྱད་པར་ཡོད་པས་རྒྱུད་འཕེལ་གྱི་དུས་ཚོད་ཀྱང་མི་འདྲ།

ས་ཁམས་ཁྱབ་ཚུལ། ཀྲུང་གོར་དམིགས་བསལ་དུ་ཡོད་པའི་རིགས་ཡིན། སི་ཁྲོན་དང་། ཀན་སུའུ། ཧྲའན་ཞི། ཧྲུང་ཆིང་། ཧུའུ་པེ་བཅས་སུ་ཁྱབ་ཡོད།

སྲུང་སྐྱོབ་རིམ་པ། རྒྱལ་ཁབ་ཀྱི་རིམ་པ I གཙོ་གནད་སྲུང་སྐྱོབ་བྱ་བའི་རི་སྐྱེས་སྲོག་ཆགས་ཡིན་ལ། ཀྲུང་གོའི་སྐྱེ་དངོས་སྣ་མང་རང་བཞིན་གྱི་མིང་ཐོ་དམར་པོ་ལས་ཉེན་ཁའི་རིགས་ཤིག་ཀྱང་ཡིན། (NT)

3. 滇金丝猴 *Rhinopithecus bieti*
英文名：Yunnan Snub-nosed Monkey

形态特征：体形较川金丝猴稍大，体长约 50—80 厘米，尾长 50—78 厘米，雄性重 15 千克，雌性重 10 千克。面部特征与川金丝猴相似，身披灰黑色或灰白色毛，具光泽。手、足也呈黑色，所以也叫黑金丝猴，臀部具白斑。雄猴的头顶中央具黑色毛冠。眼周和吻部为青灰色或肉粉色。身体腹面、颈侧、臀部及四肢内侧均为灰白色。刚出生的幼仔全身被浅白色毛，四肢的指（趾）尖红色，吻部樱桃红色。

生态习性：滇金丝猴是世界上除人类外分布海拔最高的灵长类动物，栖息于藏东南和滇西北海拔 2500—5000 米的高寒原始森林中，平时多在海拔 3500—4500 米的云杉、冷杉林中活动。滇金丝猴是群居动物，猴群数量从几十到几百只不等，为多雄多雌的混合群体，有社群等级行为，多个猴群在同一区域活动。繁殖群为一夫多妻制，包括 1 只成年雄性和 1—6 只雌性。滇金丝猴的主要食物会根据季节变化而调整：春季主要取食嫩芽、嫩叶和花苞等；夏季主要取食竹笋、嫩竹叶，以及少量果实；秋季主要取食果实和种子；冬季食物匮乏时主要以地衣为食物。地衣占滇金丝猴全年取食量的 50%—82%。滇金丝猴多集中在 3—4 月繁殖，每 3 年繁殖一次，繁殖率很低。

地理分布：中国特有种。分布于云南和西藏。

保护级别：国家 I 级重点保护野生动物；中国生物多样性红色名录 - 濒危（EN）。

3. ཡུན་ནན་གྱི་སྤྲེའུ་རྒྱ་སེ། *Rhinopithecus bieti*
དབྱིན་ཡིག་གི་མིང་། Yunnan Snub–nosed Monkey

གཟུགས་དབྱིབས་ཁྱད་ཆོས། སྤྲེའུ་འདི་རིགས་ཀྱི་གཟུགས་དབྱིབས་ནི་སི་ཁྲོན་གྱི་སྤྲེའུ་རྒྱ་སེ་ལས་ཅུང་ཆེ་བ་དང་། གཟུགས་པོའི་རིང་ཚད་ལ་ལི་སྨི50—80 ཇ་མའི་རིང་ཚད་ལ་ལི་སྨི50—78 ཕོ་རིགས་ཀྱི་ལྗིད་ཚད་ལ་སྟོང་ཁེ15དང་། མོ་རིགས་ཀྱི་ལྗིད་ཚད་ལ་སྟོང་ཁེ10ཡོད། གདོང་གི་ཁྱད་ཆོས་ནི་སི་ཁྲོན་གྱི་སྤྲེའུ་རྒྱ་སེ་དང་འདྲ། ལུས་སྟེང་དུ་སྤུ་མདོག་ནག་པོའམ་སྐྱ་བོ་སྐྱེས་ཤིང་འོད་མདངས་ལྡན། ལག་པ་དང་རྐང་བ་ཡང་ནག་པོ་ཡིན་པས། དེར་སྤྲེའུ་ནག་དང་འཕོངས་ཁྲའང་ཟེར། ཕོ་སྤྲེའུ་ཡི་མགོ་ལ་སྤུ་ཞྭ་ནག་པོ་སྐྱེས་ཡོད། མིག་གི་མཐའ་འཁོར་དང་མཆུ་ཏོ་ཡི་མདོག་ནི་སྐྱ་བོ་དང་སྔོ་སྐྱ། ལུས་པོའི་གསུས་ངོས་དང་སྣེ་ངོས། འཕོངས་ཁག་དང་ཡན་ལག་བཞིའི་ནང་ཁུལ་ཚང་མ་དཀར་སྐྱ་ཡིན། སྐྱེས་མ་ཐག་པའི་སྤྲེལ་ཕྲུག་གི་ལུས་པོ་ཡོངས་ནི་སྤུ་མདོག་དཀར་པོ་ཡིན་པ་དང་། རྐང་ལག་གི་མཐེབ་མོ（སྡེར་མོ）དམར་པོ་ཡིན་པ། མཆུ་ཡི་ཁ་དོག་དམར་པོ་ཡིན།

སྐྱེ་ཁམས་གོམས་གཤིས། ཡུན་ནན་གྱི་སྤྲེའུ་རྒྱ་སེ་ནི་འཛམ་གླིང་ཐོག་གི་མིའི་རིགས་ཕུད་པའི་ས་བབ་མཐོ་ཤོས་ཀྱི་སེམས་ལྡན་སྲོག་ཆགས་ཤིག་ཡིན་པ་དང་། བོད་ལྗོངས་ཀྱི་ཤར་ལྷོ་དང་ཡུན་ནན་གྱི་ནུབ་བྱང་རྒྱུད་ཀྱི་མཚོ་ངོས་ལས་མཐོ་ཚད་སྨི2500—5000བར་གྱི་མཐོ་སྒང་གདོང་མའི་ནགས་ཚལ་གྱི་ནང་དུ་འཚོ་སྡོད་བྱེད་ཀྱིན་ཡོད། དུས་རྒྱུན་མང་ཆེ་བར་མཚོ་ངོས་ལས་མཐོ་ཚད་སྨི3500—4500བར་གྱི་ཡུན་ཧྲན་གསོམ་སྡོང་དང་། ནགས་ཤིང་སྒང་མོ་སོགས་སུ་འཚོ་སྡོད་བྱེད་ཀྱིན་ཡོད། ཡུན་ནན་གྱི་སྤྲེའུ་རྒྱ་སེ་ནི་ཁྲུ་སྡོད་སྲོག་ཆགས་ཤིག་ཡིན་ཞིང་། སྤྲེའུ་ཡི་གྲངས་འཁོར་ནི་བཅུ་ཕྲག་ཁ་ཤས་ནས་བརྒྱ་ཕྲག་ཁ་ཤས་བར་ཡིན་པ་དང་། དེ་ནི་ཕོ་མོ་མང་པོ་མཉམ་བསྡེས་ཀྱི་ཚོགས་སྤྱི་ཞིག་ཡིན་པས། སྤྱི་ཚོགས་ཀྱི་རིམ་གྲས་ལྡན་ཞིང་སྤྲེའུ་ཚོགས་མང་པོ་ས་ཁུལ་གཅིག་ཏུ་འགུལ་སྐྱོད་བྱེད་ཀྱིན་ཡོད། རྒྱུད་འཕེལ་སྟངས་ནི་ཁྱོ་གཅིག་ཤུག་མང་གི་ལམ་ལུགས་ཡིན་ཞིང་། དེའི་ནང་ན་ཕོ་རིགས་དར་མ1དང་མོ1—6བར་ཚུད་ཡོད། ཡུན་ནན་གྱི་སྤྲེའུ་རྒྱ་སེ་ཡི་ཟས་རིགས་གཙོ་བོ་དུས་ཚིགས་ཀྱི་འགྱུར་བར་གཞིགས་ནས་ལེགས་སྒྲིག་བྱེད་ཀྱིན་ཡོད་པ་སྟེ། དཔྱིད་དུས་སུ་གཙོ་བོ་སྨྱུ་གུ་དང་ལོ་མ་གསར་པ། མེ་ཏོག་གི་འདབ་མ་སོགས་ཟ་བ་དང་། དབྱར་དུས་སུ་གཙོ་བོར་སྨུག་མའི་སྨྱུ་གུ་དང་སྨུག་མའི་ལོ་མ་སླེ་མོ་དང་འབྲས་བུ་ཉུང་ཟད་ཟ་བ། སྟོན་དུས་སུ་གཙོ་བོར་འབྲས་བུ་དང་ས་བོན་ཟ་བ། དགུན་གྱི་ཟས་རིགས་དཀོན་དུས་གཙོ་བོར་སྦང་རྩི་ཟས་སུ་བསྟེན་བཞིན་ཡོད། ས་གཞི་ཆགས་རིམ་གྱིས་ཡུན་ནན་གྱི་སྤྲེའུ་རྒྱ་སེ་ཡིས་ལོ་ཧྲིལ་བོའི་ཟ་ཚད་ཀྱི50%—82%ཟིན། ཡུན་ནན་གྱི་སྤྲེའུ་རྒྱ་སེ་མང་ཆེ་བས་ཟླ3—4པའི་བར་དུ་སྐྱེ་འཕེལ་བྱས་པ་དང་། ལོ3རེར་སྐྱེ་འཕེལ་ཐེངས་རེ་བྱས་པས་རྒྱུད་འཕེལ་ཚད་ཏ་ཅང་དམའ།

ས་ཁམས་ཁྱབ་ཚུལ། ཀྲུང་གོར་དམིགས་བསལ་དུ་ཡོད་པའི་རིགས་ཡིན། གཙོ་བོར་ཡུན་ནན་དང་བོད་ལྗོངས་སུ་ཁྱབ་ཡོད།

སྲུང་སྐྱོབ་རིམ་པ། རྒྱལ་ཁབ་ཀྱི་རིམ་པ I གཙོ་གནད་སྲུང་སྐྱོབ་བྱ་བའི་རི་སྐྱེས་སྲོག་ཆགས་ཡིན། ཀྲུང་གོའི་སྐྱེ་དངོས་སྣ་མང་རང་བཞིན་གྱི་མིང་ཐོ་དམར་པོ་ལས་ཉེན་ཁའི་རིགས་ཡིན། (EN)

4. 白唇鹿 *Przewalskium albirostris*

英文名：White-lipped Deer

形态特征：大型鹿类，体重可达 200 千克以上。站立时，肩部略高于臀部。雄鹿有角，一般有五尖，但个别老年雄性个体可达六尖。第二叉离眉叉远，叉角的分叉处特别宽扁；雌鹿无角。鼻端裸露，鼻端四周及下唇终年纯白色。白唇鹿的毛被厚度及色调在冬夏有差别，冬毛毛被厚，毛略粗硬而稍具弹性，毛直，毛尖处稍弯曲，通体呈现一致的枯黄褐色，胸腹以及腿内侧乳白或棕白色，下肢棕黄浅褐色，臀斑黄白色；夏季毛被薄、致密，通体色调多变异，有褐棕色、灰褐色或灰棕色等，臀斑棕色或黄棕色。初生鹿羔毛被柔软，在浅棕色的体背分布有不规则的斑点。

生态习性：白唇鹿是一种典型的高寒山地动物，分布区海拔在 3500

米以上，活动上限可达 5100 米。喜群居，除繁殖季节外，雌、雄成体均分群活动，主要在晨昏活动。主要食物为禾本科和莎草科植物，但随栖息环境不同，其比例、组成也有所改变。一年繁殖一次，秋末交配，母体于翌年夏季产羔，繁殖季节公鹿之间有激烈的争雌现象。

地理分布：中国特有种。分布于青海、甘肃、四川、西藏和云南。

保护级别：国家Ⅰ级重点保护野生动物；中国生物多样性红色名录－濒危（EN）。

ཆུ་སྲིན་རྨིག་ཟུང་ཅན་གྱི་སྡེ་ཁག CETARTIODACTYLA
ཤྭ་བ་ཡི་ཚན་པ། Cervidae

4. ཤྭ་བ་མཆུ་དཀར། *Przewalskium albirostris*
དབྱིན་ཡིག་གི་མིང་། White–lipped Deer

གཟུགས་དབྱིབས་ཁྱད་ཆོས། ཤྭ་བ་འདི་རིགས་ལས་ཆེ་གྲས་ཀྱི་ལྷེད་ཚད་སྟོང་ཁེ200ཡན་ཡོད། ལངས་པའི་དུས་ན་ཕྲག་པ་ནི་འཕོངས་ལས་ཅུང་མཐོ། ཤྭ་ཕོ་ལ་རྭ་ཡོད་ཅིང་། སྤྱིར་བཏང་དུ་རྩེ་ལྔ་ཡོད་མོད། འོན་ཀྱང་ལ་ལར་རྩེ་དྲུག་ཡོད། ཁ་དབྲག་གཉིས་པ་ནི་སྐྱིན་མ་དང་རིང་བ། ཁ་དབྲག་ཟུར་གྱི་ཁ་དབྲག་མཚམས་ནི་ཏ་ཅང་ཡངས་ཤིང་ལེབ་མོ་ཡིན། ཤྭ་བ་མོ་ལ་རྭ་མེད་ཅིང་སྣ་རྩེ་གཅེར་བུར་མངོན་པ་དང་། སྣ་རྩེ་དང་མཐའ་བཞི། དེ་མིན་འོག་མཆུ་བཅས་ལོ་ཧྲིལ་བོར་དཀར་པོ་ཡིན། ཤྭ་བ་མཆུ་དཀར་གྱི་སྤུ་མདུག་ལ་ཁ་དོག་དབྱེར་དགུན་གཉིས་ལ་ཁྱད་པར་ཡོད་པ་དང་། དགུན་གྱི་སྤུ་མདུག་ལ་རྩུབ་ཤས་ཆེ་ཞིང་སྤུ་དྲང་མོ་ཡིན་ལ་སྤུ་རྩེ་ཅུང་འཁྱོག་པ། སྤུ་གཟུགས་གཅིག་པ་དང་མདོག་སེར་སྐྱ་བཅས་ཡིན། བྲང་གི་གསུམ་དང་ཡང་ན་སུག་པའི་ནང་ངོས་ནི་དཀར་སྐྱ་དང་ཟ་མདོག་དཀར་པོ་ཡིན་ལ། རྐང་པ་སེར་སྐྱ། འཕོངས་རིས་སེར་མདོག་

བཅས་ཡིན། དབྱར་དུས་སྤུ་སྤབ་ལ་ཚགས་དམ་པ་དང་། ཁ་དོག་སྣ་ཚོགས་ལ་འགྱུར་ལྡོག་མང་ཞིང་། ཁམ་ཁམ་དང་། ཁམ་སྐྱ། ཐ་མདོག་སོགས་ཡོད་ལ། འཕོངས་རིས་ཀྱི་མདོག་ནི་ཁམ་སེར་དང་ཐ་མདོག་ཡིན། སྐྱེས་མ་ཐག་པའི་ཤྭ་བ་ཡི་སྤུ་སྔོ་སེར་གྱུར་པ་དང་། མདོག་སྐྱུག་སྐྱའི་ངོས་སུ་དབྱིབས་ངེས་མེད་ཀྱི་ཁྲ་ཐིག་ཡོད།

སྐྱེ་ཁམས་གོམས་གཤིས། ཤྭ་བ་མཆུ་དཀར་ནི་དཔེ་མཚོན་ཅན་གྱི་མཐོ་སྒང་རི་ལུལ་གྱི་སྲོག་ཆགས་ཤིག་ཡིན། དེའི་ཁྱབ་ཁུལ་ནི་མཚོ་ངོས་ལས་མཐོ་ཚད་སྨི3500ཡན་ཡིན་པ་དང་། འགྱུལ་སྐྱོད་ཀྱི་ཚད་མཐོ་ཤོས་ནི་སྨི5100ཡིན། ཁྱུ་ཚོགས་བྱས་ནས་སྡོད་རྒྱུར་དགའ་བ་སྟེ། མངལ་ཆགས་པའི་དུས་ཚོགས་ལས་གཞན་ཤ་ཕོ་དང་ཤ་མོ་ཁྱུ་དང་ཁྱུ་བྱས་ནས་འགྱུལ་སྐྱོད་བྱེད་ཀྱིན་ཡོད་ལ། གཙོ་བོར་ཞོགས་དགོང་གཉིས་ལ་འགྱུལ་སྐྱོད་བྱེད་ཀྱིན་ཡོད། ཟས་རིགས་གཙོ་བོ་ནི་སྔོ་མ་ཅན་གྱི་སྐྱེ་དངོས་དང་འཇག་རྩྭའི་རིགས་ཀྱི་རྩེ་ཤིང་ཡིན་མོད། འོན་ཀྱང་འཚོ་གནས་ཀྱི་ཁོར་ཡུག་མི་འདྲ་སྟེ། དེའི་བསྡུར་ཚད་དང་གྲུབ་ཆ་ལ་འང་འགྱུར་ལྡོག་ཅུང་ཟད་བྱུང་ཡོད། ལོ་གཅིག་ལ་སྐྱེ་འཕེལ་ཐེངས་རེ་དང་། སྟོན་མཇུག་ཏུ་དྲུས་ལ་འགྲོ་བཞིན་ཡོད། ཕྱི་ལོའི་དབྱར་དུས་སུ་ཤྭ་མ་ལ་ཤྭ་ཕྲུག་བཙའ་ཞིང་། སྐྱེ་འཕེལ་དུས་ཚོགས་སུ་ཤྭ་ཕོའི་བར་ལ་ཛ་དྲག་གི་རྩོད་རེས་བྱེད་པའི་སྣང་ཚུལ་ཡོད།

ས་ཁམས་ཁྱབ་ཚུལ། ཀྲུང་གོར་དམིགས་བསལ་དུ་ཡོད་པའི་རིགས་ཡིན། གཙོ་བོར་མཚོ་སྔོན་དང་། ཀན་སུའུ། སི་ཁྲོན། བོད་ལྗོངས། ཡུན་ནན་བཅས་སུ་ཁྱབ་ཡོད།

སྲུང་སྐྱོབ་རིམ་པ། རྒྱལ་ཁབ་ཀྱི་རིམ་པI གཙོ་གནད་སྲུང་སྐྱོབ་བྱ་བའི་རི་སྐྱེས་སྲོག་ཆགས་ཡིན་པ་དང་། ཀྲུང་གོའི་སྐྱེ་དངོས་སྣ་མང་རང་བཞིན་གྱི་མིང་ཐོ་དམར་པོ་ལས་ཉེན་ཁའི་རིགས་ཡིན། (EN)

5. 水鹿 *Rusa unicolor*

英文名：Southeast Asian Sambar

形态特征：整个躯体匀称，头和四肢细长，体重超过 200 千克，主蹄大而侧蹄明显小。尾长在 25 厘米以上，其近尾端的一半披有蓬松长毛，此特征明显有别于马鹿和白唇鹿。雄鹿有角，角型简单，共三尖。眉叉由角基部分长出后斜向上方，与主干之间成一锐角。颈部、体背和体侧的被毛粗硬，体腹被毛相对柔软。通体棕褐色，在头顶开始沿颈背、脊背直到尾基部有一条褐棕色背纹。角基四周、眼圈、面颊和耳基部一带显著黄褐色。耳背棕黄色，耳缘近似白色。臀斑锈棕色，尾毛黑色或暗褐色。体腹、鼠蹊一带及尾基部腹面呈黄白色。四肢外侧有暗褐色的条纹，内侧淡黄色。

生态习性：水鹿是典型的森林动物，主要栖息于阔叶林或针阔混交林中，偶尔也活动于林缘一带的草地生境中。昼伏夜出，白天在较隐蔽的地方休息，黄昏以后开始活动，直至次日清晨，独居。性机警，嗅觉灵敏，行动特别谨慎，因此很难发现其踪迹。以草类、树叶嫩枝为食。在遇到豺等天敌追击时，水鹿的反应与其他鹿颇为不同，它们经常选择正面迎击而非逃跑。即使是没角的雌鹿，也会用后腿站立起来，举起前蹄狠狠地击打对方。繁殖期雄鹿之间有争雌现象。受孕雌鹿约 6 个月后产羔，每胎 1 仔。在繁殖期，雄水鹿也经常站立起来，用沾了自己尿液的蹄使劲蹭树，尽量把自己的气味留在更高的地方。

地理分布：国内主要分布在青海、台湾、海南、西藏、云南、四川、重庆、贵州、广西、广东、湖南、福建和江西。

保护级别：国家Ⅱ级重点保护野生动物；中国生物多样性红色名录－近危（NT）。

5. རུ་ཤ། *Rusa unicolor*
དབྱིན་ཡིག་གི་མིང་། Southeast Asian Sambar

གཟུགས་དབྱིབས་ཁྱད་ཆོས། ཤ་བ་འདིའི་རིགས་ཀྱི་ལུས་པོ་དོ་མཉམ་ཞིང་། མགོ་དང་རྐང་ལག་ཕྲ་ཞིང་རིང་བ་དང་ལུས་པོའི་ལྟེད་ཚད་སྟོང་ཁེ200ལས་བརྒལ་ཡོད། རྨིག་པ་གཙོ་བོ་ཆེ་ཞིང་གཞོགས་ཀྱི་རྨིག་པ་ཆུང་བ་ཞིག་ཡིན། རྔ་མའི་རིང་ཚད་ལི་སྨི25ཡན་ཡོད་པ་དང་དེའི་མཇུག་སྣེའི་ཕྱེད་ཀར་སྤུ་རིང་པོ་སྐྱེས་ཡོད། ཁྱད་ཆོས་དེ་ཤ་བ་དང་ཤ་བ་མཆུ་དཀར་ལས་མངོན་གསལ་དོད་པོས་སོ་སོར་ཕྱེ་ཡོད། ཤ་ཕོ་ལ་རྭ་ཡོད་ལ། རྭ་དབྱིབས་སྟབས་བདེ་ཞིང་ཁྱོན་བསྡོམས་རྩེ་གསུམ་ཡོད། སྨིན་མ་སྐྱོལ་བ་དང་རྭ་རྨང་གི་ཆ་དེ་ལྷག་རྒྱབ་ཏུ་གསེག་ཅིང་ཡར་ཕྱོགས་པས་དེ་དང་གཞུང་རྐང་པར་རྣོ་ཟུར་ཞིག་གྲུབ་ཡོད། སྣེ་དང་སྐལ་བ། གཟུགས་པོའི་གཞོགས་བཅས་ཀྱི་སྤུ་རྩུབ་ལ་རྩུབ་ཅིང་གསུས་པའི་སྤུ་ཕྲོས་བཅས་ཀྱིས་སྐྱེ་མོ་ཡིན་ལ་སྤུ་མདོག་སྨུག་པོ་ཡིན། མགོ་ཐོག་ནས་སྣེ་རྒྱབ་དང་སྐལ་བ་ནས་མཇུག་མའི་བར་དུ་ཁ་དོག་སྨུག་པོ་ཅན་གྱི་རྒྱབ་རིས་ཡོད། རྭའི་

མཐའ་བཞི་དང་མིག་གི་འགྲམ། མཁུར་ཚོས། རྣ་རྨང་བཅས་ཀྱི་མདོག་ནི་སེར་པོ་ཡིན། རྣ་རྒྱབ་སེར་པོ་དང་རྣ་མཐའ་དཀར་པོ། འཕོངས་རིས་སྨུག་པོ། ཇ་མའི་མདོག་ནི་ནག་པོ་དང་སྨུག་ནག་ཡིན་ལ། གསུས་པ་དང་དབྱི་མགོ། མཇུག་མའི་སྟེང་གི་སྤུ་མདོག་སེར་པོ་ཡིན། རྐང་ལག་གི་ཕྱི་ངོས་ལ་མདོག་སྨུག་པོའི་ཐིག་ཤར་ཡོད་པ་དང་། ནང་ངོས་ཀྱི་མདོག་སེར་པོ་ཡིན།

སྐྱེ་ཁམས་གོམས་གཤིས། ཤ་བ་འདི་རིགས་ནི་དཔེ་མཚོན་གྱི་ནགས་ཚལ་སྲོག་ཆགས་ཤིག་ཡིན་ཞིང་། གཙོ་བོར་ལོ་མ་ཆེ་བའི་ནགས་ཚལ་ལམ་ཡང་ན་ཁབ་ལོའི་ཤིང་འདྲེས་མའི་ནགས་སུ་འཚོ་བ་དང་། སྐབས་འགར་ནགས་འབྲེལ་རྒྱུད་ཀྱི་སྤང་ཐང་གི་ཁོར་ཡུག་ཏུ་འགྱུལ་སྐྱོད་བྱེད་བཞིན་ཡོད། མཚན་མོར་ཕྱི་ལ་འགྲོ་བ་དང་། ཉིན་དཀར་མི་མངོན་པའི་ས་ཆར་ངལ་གསོ་བྱེད། ས་སྲོད་ཀྱི་རྗེས་ནས་ཕྱི་ཉིན་གྱི་ཞོགས་པའི་བར་དུ་འགྱུལ་སྐྱོད་བྱེད་པ་དང་ཁེར་འདུག་ཡིན། རང་བཞིན་བདེ་ཐུག་འཁྱུག་ཅིང་ཚོར་བ་རྣོ། བྱ་སྤྱོད་གཟབ་ནན་ཡིན་པས་དེའི་རྗེས་ཤུལ་རྙེད་དཀའ། རྩྭ་དང་ལོ་མ་སོགས་ཟ་བར་བྱེད། རྒྱུན་པར་མདུན་ཕྱོགས་ནས་ཕར་རྒོལ་བྱེད་པ་ལས་འཐབ་བ་མིན། རྭ་མེད་ཤ་མོ་ཡིན་ནའང་རྐང་པ་ཡར་བཀྱགས་ནས་མདུན་ཕྱོགས་ཀྱི་རྨིག་པའི་ཐོག་ནས་ཕར་ཕྱོགས་ལ་རྡུང་རྡེག་དྲག་པོ་གཏོང་གིན་ཡོད། སྐྱེ་འཕེལ་དུས་སུ་ཤ་ཕོ་ཕན་ཚུན་བར་རྩོད་རེས་བྱེད་པའི་སྣང་ཚུལ་ཡོད། མངལ་སྦྲུམ་པའི་ཤ་མོར་ཟླ6གི་རྗེས་ནས་ཤ་ཕྲུག་བཙའ་དང་། མངལ་ཐེངས་རེར་ཤ་ཕྲུག1རེ་བཙས་ཡོད། སྐྱེ་འཕེལ་གྱི་དུས་སུ་ཤ་བ་ཕོ་ཡང་རྒྱུན་དུ་ཡར་ལངས་ཏེ་རང་གི་གཅིན་པར་འབྱུར་བའི་རྭ་ཅོ་ཡིས་ཤིང་ཀྱིས་སྡོང་པོར་བརྡར་ནས་རང་གི་དྲི་མ་དེ་ལས་མཐོ་བའི་སར་འགོས་སུ་འཇུག་གིན་ཡོད།

ས་ཁམས་ཁྱབ་ཚུལ། རྒྱལ་ནང་དུ་གཙོ་བོར་མཚོ་སྔོན་དང་། ཐའི་ཝན། ཧའེ་ནན། བོད་ལྗོངས། ཡུན་ནན། སི་ཁྲོན། ཁྲུང་ཆིང་། ཀུའེ་ཀྲོའུ། ཀོང་ཞི། ཀོང་ཏུང་། ཧུའུ་ནན། ཇེའུ་ཅན། ཅང་ཞི་བཅས་སུ་ཁྱབ་ཡོད།

སྲུང་སྐྱོབ་རིམ་པ། རྒྱལ་ཁབ་ཀྱི་རིམ་པ II གཙོ་གནད་སྲུང་སྐྱོབ་བྱ་བའི་རི་སྐྱེས་སྲོག་ཆགས་ཡིན་པ་དང་། ཀྲུང་གོའི་སྐྱེ་དངོས་སྣ་མང་རང་བཞིན་གྱི་མིང་ཐོ་དམར་པོ་ལས་ཉེན་ཁའི་རིགས་སུ་གཏོགས། (NT)

6. 毛冠鹿 *Elaphodus cephalophus*
英文名：Tufted Deer

形态特征：体型较小，鼻端裸露，眼较小，无额腺，眶下腺特别显著，耳较圆阔。额部有一簇马蹄形的黑色长毛，因而得名。雄鹿有角，角极短，长度仅 1 厘米左右，不分叉，尖略向下弯，隐藏在额顶上的一簇长的黑毛丛中；雌鹿无角。尾短。被毛粗糙，一般为暗褐色或青灰色，冬毛几近于黑色，夏毛为赤褐色。耳内侧白色，下部有黑色横纹，耳背尖端白色，脸颊和吻部稍杂有苍白色的毛，腹部、鼠蹊部和尾下纯白色。幼兽毛色暗褐色，在背中线两侧有不很显著的白点，排列成纵行，其旁也有斑痕。

生态习性：毛冠鹿栖居在山区丘陵地带繁茂的竹林、竹阔混交林及茅草坡等处。草食性，喜食蔷薇科、百合科和杜鹃花科的植物枝叶。听觉和嗅觉较发达，眶下腺在鹿类中最为发达，在种内相互联系、寻找配偶等方面具有重要作用。毛冠鹿性情温和，机警灵活，白天隐居于林下灌丛或竹林中，主要在晨昏觅食，多成对活动。在逃跑的时候，它会将尾巴高高地翘起，尾下白毛仿佛是扯起的“白旗”，较容易发现。雌性妊娠期 6 个月，每胎产 1—2 仔，在鹿类中很少见。雄鹿之间争夺配偶时非常凶猛，会用犬牙和前蹄来攻击对方。

地理分布：国内主要分布于浙江、福建、安徽、江西、广东、广西、湖南、湖北、四川、贵州、西藏、陕西、甘肃、青海、重庆和云南。

保护级别：国家Ⅱ级重点保护野生动物；中国生物多样性红色名录－近危（NT）。

6. ཤྭ་བ་སྤུ་ལྟོག་ཅན། *Elaphodus cephalophus*
དབྱིན་ཡིག་གི་མིང་། Tufted Deer

གཟུགས་དབྱིབས་ཁྱད་ཆོས། ཤྭ་བ་འདི་རིགས་གཟུགས་གཞི་ཆུང་ཆུང་ལ་སྣ་སྣེ་གཅེར་བུར་མངོན་པ་དང་། མིག་ཆུང་ཆུང་ལ། གདོང་ན་གཤེར་རྨིན་གྲངས་མེད་ཡོད་ལ། མིག་གི་འོག་གི་གཤེར་རྨིན་མངོན་གསལ་ཡིན། རྣ་ཆུང་སྒོར་སྒོར་ཡིན་པ་དང་དཔྲལ་བའི་སྟེང་དུ་རྟ་སུག་གི་དབྱིབས་ཀྱི་སྤུ་ནག་པོ་ཞིག་ཡོད་པས་མིང་དེ་ལྟར་ཐོགས་པ་ཡིན། ཤྭ་བ་ཕོ་ལ་རྭ་ཡོད་པ་དང་རྭ་ཐུང་ལ་རིང་ཚད་ལི་སྨི1ཡས་མས་ལས་མེད་ཅིང་། ཁ་དབྱག་མེད་པ་དང་རྩེ་ཆུང་ཐུར་དུ་གུག་ནས་དཔྲལ་བའི་སྟེང་གི་སྤུ་ནག་ཚོམ་ཅིག་གི་ཁྲོད་དུ་སྦས་ཡོད། ཤྭ་བ་མོ་ལ་རྭ་མེད། ཛ་མ་ཐུང་ལ་སྤུ་རྩུབ་པོ། སྤྱིར་བཏང་དུ་མདོག་ནི་སྨུག་པོའམ་སྐྱ་བོ་ཡིན་ལ། དགུན་གྱི་སྤུ་ནི་ནག་པོ་ཡིན། དབྱར་གྱི་སྤུ་ནི་ཁམ་སེར་ཡིན། རྣ་ནང་དཀར་པོ་ཡིན་པ་དང་། དེའི་སྨད་དུ་ནག་པའི་འཕྲེད་རིས་ཡོད་ལ། རྣ་རྒྱབ་ཀྱི་རྩེ་མོ་དཀར་པོ་ཡིན། ངོ་གདོང་དང་མཇུ་ཡི་ངོས་སུ་སྤུ་དཀར་པོ་ཆུང་འདྲེས་ཡོད།

གསུས་ཁོག་དང་དཔྱི་མགོ། ཛ་མ་བཅས་དཀར་པོ་ཡིན། ཤ་ཕྲུག་ཆུང་ཆུང་གི་སྤུ་མདོག་སྨུག་ནག་ཡིན་ལ། རྒྱབ་ངོས་ཀྱི་དཀྱིལ་ཐིག་གི་གཞོགས་གཉིས་སུ་མངོན་གསལ་མིན་པའི་དཀར་ཐིག་ཡོད་ལ་གཞུང་དུ་བསྒྲིགས་ཡོད་ཅིང་། དེའི་འགྲམ་དུའང་ཁྲ་ཤུལ་ཡོད།

སྐྱེ་ཁམས་གོམས་གཤིས། ཤ་བ་སྤུ་སྔོག་ཅན་ནི་རི་ཁུལ་གྱི་རི་མ་ཐང་གི་སྨུག་མའི་ནགས་ཚལ་དང་། སྨུག་ཁོག་མཉམ་བསྲེས་ནགས་ཚལ། དེ་བཞིན་འཛག་རྩྭ་སྐྱེས་པའི་རི་ལྡེབས་སོགས་སུ་འཚོ་སྡོད་བྱེད་ཀྱི་ཡོད། རྩྭ་ཟན་རང་བཞིན་ཅན་གྱི་སྲོག་ཆགས་ཡིན་པས། གཟན་ལ་སེ་རྒོད་ཚན་དང་། ལུག་མཇེ་ཚན། སྤག་མ་མེ་ཏོག་ཚན་གྱི་རྩི་ཤིང་གི་ལོ་མ་ཟ་བར་དགའ། རྣ་ཤེས་དང་སྣ་ཤེས་ཅུང་རྒྱས་ཤིང་། མིག་ཕོར་འོག་གི་གཤེར་རྨེན་ནི་ཤ་རིགས་ཀྱི་ནང་དུ་ཆེས་དར་རྒྱས་ཆེ་བས། རིགས་ཀྱི་ནང་དུ་ཕན་ཚུན་འབྲེལ་འདྲིས་དང་བཟའ་ཟླ་འཚོལ་བ་སོགས་ཀྱི་ཕྱོགས་ལ་ནུས་པ་གལ་ཆེན་ལྡན། ཤ་བ་སྤུ་རིང་ནི་ཞི་འཇམ་ལྡན་པ་དང་གྲུང་ཤ་བདེ་བས། ཉིན་མོར་ནགས་ཁྲོད་སྡོང་ཕྲན་ནགས་རྫོབ་དང་སྨུག་མའི་ནགས་ཚལ་དུ་བསྡད་ཡོད། འགྲོ་བའི་སྐབས་སུ། དེས་ཛ་མ་མཐོ་ས་ནས་ཡར་བཀྱགས་ཏེ། ཛ་མའི་འོག་གི“དར་དཀར”ལྟ་བུའི་སྤུ་དཀར་ཕྱིར་མངོན་པས། ཅུང་རྙེད་སླ་བ་རེད། ཤ་མོ་ལ་མངལ་སྦྲུམ་པའི་ཟླ6གི་ནང་དུ་ཕྲུ་གུ1—2བཙའ་ཞིང་དེ་ནི་ཤ་རིགས་ལས་ཧ་ཅང་ཉུང་། ཤ་ཕོའི་བར་དུ་བཟའ་ཟླ་འཕྲོག་རྩོད་བྱེད་སྐབས་ཧ་ཅང་གདུམ་དྲག་ཆེ་ཞིང་། མཆེ་བ་དང་རྨིག་པར་བརྟེན་ནས་ཕ་རོལ་པོར་ཕར་རྒོལ་བྱེད་ཀྱིན་ཡོད།

ས་ཁམས་ཁྱབ་ཚུལ། རྒྱལ་ནང་དུ་གཙོ་བོར་ཀྲེ་ཅང་དང་། ཨན་ཧུའེ། ཅང་ཞི། ཀོང་ཏུང་། ཀོང་ཞི། ཧུའུ་ནན། ཧུའུ་པེ། སི་ཁྲོན། ཀུའེ་ཀྲོའུ། བོད་ལྗོངས། ཧྲའན་ཞི། ཀན་སུའུ། མཚོ་སྔོན། ཁྲུང་ཆིང་། ཡུན་ནན་བཅས་སུ་ཁྱབ་ཡོད།

སྲུང་སྐྱོབ་རིམ་པ། རྒྱལ་ཁབ་ཀྱི་རིམ་པ II གཙོ་གནད་སྲུང་སྐྱོབ་བྱ་བའི་རི་སྐྱེས་སྲོག་ཆགས་དང་ཀྲུང་གོའི་སྐྱེ་དངོས་སྣ་མང་རང་བཞིན་གྱི་མིང་ཐོ་དམར་པོ་ལས་ཉེན་ཁའི་རིགས་སུ་གཏོགས། (NT)

7. 梅花鹿 *Cervus nippon*

英文名：Sika Deer

形态特征：头部略圆，颜面部较长，鼻端裸露，眼大而圆，眶下腺呈裂缝状，泪窝明显，耳长且直立，颈部长，四肢细长，主蹄狭而尖，侧蹄小，尾较短。雄性头上具有一对实角，角上共有四个叉，眉叉和主干成钝角，在近基部向前伸出，角尖稍向内弯曲，非常锐利；主干一般向两侧弯曲，略呈半弧形。毛色随季节变化而改变，夏季体毛为棕黄色或栗红色，无绒毛，在背脊两旁和体侧下缘镶嵌有许多排列有序的白色斑点，状似梅花，因而得名；冬季体毛呈烟褐色，白斑不明显。颈部和耳背呈灰棕色，背中线黑色，腹部为白色，臀部有白色斑块，其周围有黑色毛圈。尾背面呈黑色，腹面为白色。

生态习性：梅花鹿晨昏活动，生活区域随着季节的变化而改变，春季多在半阴坡，以板栗、胡枝子、野山楂、地榆等乔木、灌木的嫩枝叶和刚刚萌发的草本植物为食；夏秋季迁到阴坡的林缘地带，主要采食藤本和草本植物，如葛藤、何首乌、明党参、草莓等；冬季则喜欢在温暖的阳坡，采食成熟的果实、种子以及各种苔藓地衣类植物，还常到盐碱地舔食盐碱。性情机警，行动敏捷，听觉、嗅觉均很发达，视觉稍弱，胆小易惊。由于四肢细长，蹄窄而尖，故而奔跑迅速，跳跃能力很强。成年雄性梅花鹿多独自生活，夏季和冬季会做短距离的迁移，有一定的领地意识，特别是繁殖季节。发生争端时，常以鹿角和蹄子作为主要武器。一年繁殖一次，雌鹿孕期大约为 30 周，次年 5—6 月生产，每胎一仔，极少有生产两仔的情况。小鹿长到 10—12 个月即可独立。

地理分布：国内主要分布于黑龙江、吉林、安徽、江西、浙江、四川、台湾和甘肃。

保护级别：国家Ⅰ级重点保护野生动物；中国生物多样性红色名录 - 濒危（EN）。

7. ཤྭ་ཁྲ། *Cervus nippon*
དབྱིན་ཡིག་གི་མིང་། Sika Deer

གཟུགས་དབྱིབས་ཁྱད་ཆོས། ཤྭ་བོ་འདིའི་རིགས་ཀྱི་མགོ་རྩུང་སྔོར་སྔོར་དང་། གདོང་སྣ་རིང་བ། སྣ་སྦུ་གཅེར་བུ་ཡིན་ལ། མིག་ཆེ་ཞིང་སྔོར་མོ་ཡིན་པ་དང་། མིག་གི་འོག་ཏུ་གཤེར་རྨེན་གྱི་གས་སྲུབས་ཡོད། མཆེ་ཚང་མངོན་གསལ་ཡིན་ལ། རྣ་རིང་ཞིང་དྲང་མོ་ཡིན། སྐེ་རིང་བ་དང་། རྐང་ལག་ཕྲ་ཞིང་རིང་བ། སུག་ལག་གཙོ་བོར་དོག་ལ་རྐེ་ཆུང་བ། གཞོགས་རྨིག་ཆུང་བ། ཛ་མ་ཐུང་བ་བཅས་ཡིན། ཕོ་རིགས་ཀྱི་མགོའི་སྟེང་དུ་རྭ་ཅོ་ཆ་གཅིག་ཡོད་པ་དང་། རྭ་སྟེང་དུ་ཁྱིན་བསྐོར་ཁ་དབྲག་བཞི་ཡོད་ཅིང་། སྨིན་མ་ཁ་དབྲག་ཅན་དང་རྭ་གཞུང་རྐུལ་ཟུར་དུ་གྲུབ་ཡོད། རྭ་རྩེ་དེ་ནང་དུ་ཙུང་ཟད་གུག་ཡོད་པས་རྣོ་ངར་ལྡན། གཞུང་རྐང་ནི་ཕྱིར་བཏང་དུ་གཞོགས་གཉིས་སུ་གུག་ཡོད་ལ་གཞུ་དབྱིབས་སུ་མངོན་ཡོད། སྤུ་མདོག་དུས་ཚིགས་ཀྱི་འགྱུར་ལྡོག་དང་བསྟུན་ནས་འགྱུར་བ་ཡིན། དབྱར་དུས་སྤུ་ནི་ཁ་དོག་སེར་པོའམ་དམར་སྨུག་ཡིན་ལ། སྤུ་རིང་པོ་མེད་

པས། སྒལ་བའི་གཡས་གཡོན་དང་ཟུར་གྱི་མཐའ་ཏུ་སྟར་སྒྲིག་པའི་ཁྲ་ཐིག་དཀར་པོ་མང་པོ་ཡོད་པ་དང་། དབྱིབས་ནི་དཔྱིད་མགོའི་མེ་ཏོག་དང་འདྲ་བས་མིང་དེ་ལྟར་ཐོགས་པ་ཡིན། དགུན་གྱི་དུས་སུ་སྤུ་མདོག་སྨུག་པོར་འགྱུར་བ་དང་དཀར་ཁྲ་མངོན་གསལ་དོད་པོ་མེད། སྐེ་དང་རྣ་རྒྱབ་ནི་སྨུག་སྐྱའི་མདོག་ཡིན། སྒལ་བའི་དཀྱིལ་ནི་ནག་པོ་དང་། ལྟོ་བ་དཀར་པོ་ཡིན་ལ། འཕོངས་ལ་མདོག་དཀར་པོ་ཅན་གྱི་ཁྲ་ཐིག་ཡོད། དེའི་མཐའ་འཁོར་དུ་སྨུ་གོར་ནག་པོ་ཡོད། རྔ་མའི་རྒྱབ་ངོས་ནི་ནག་པོ་ཡིན་པ་དང་གསུམ་ངོས་ནི་དཀར་པོ་ཡིན།

སྐྱེ་ཁམས་གོམས་གཤིས། ཤ་ཁྲ་ཡི་འགྱུལ་སྐྱོད་ནི་དུས་ཚིགས་ཀྱི་འགྱུར་བ་དང་བསྟུན་ནས་འགྱུར་ལྡོག་འབྱུང་བཞིན་ཡོད། དཔྱིད་དུས་མང་ཆེ་བ་སྲིབ་ཕྱེད་དུ་གནས་ཡོད། དེ་ནི་ཆ་ར་ཐྲའུ་དང་གཡེར་འབྲུ། རི་སྐྱེས་སྤྲུ་ཏ་ར། སྤོ་དོག་སོགས་སྡོང་རིང་ལྗོན་ཤིང་དང་སྡོང་ཐུང་གི་ཡལ་འདབ་སྙེ་མོ་དང་། སྨྱུ་གུ་འབྲུས་མ་ཐག་པའི་རྩྭ་རིགས་རྩི་ཤིང་བཟའ་བཞིན་ཡོད། དབྱར་དུས་སུ་སྲིབ་ཁུག་ཏུ་གནས་སྡོས་ནས་རྩྭ་ཐང་དང་རྩྭ་རིགས་རྩི་ཤིང་སྟེ་དཔེར་ན་སྤྲོ་རྐོད་དང་ཧྲག་བུ། ཀླུ་བདུད་རྡོ་རྗེ། འབྲི་ཏ་ས་འཛིན་སོགས་ལྷ་བུ་ཟ་བ་དང་། དགུན་དུས་ནི་དྲོད་ལྡན་གྱི་ཉིན་ཁུག་གི་སར་འཚོ་རྒྱུར་དགའ་བ་དང་། སྨིན་ཟིན་པའི་འབྲས་བུ་དང་། ས་བོན། སྤོ་དྲིག་རིགས་སོགས་ཀྱི་རྩི་ཤིང་ཟ་རྒྱུར་དགའ་བ་མ་ཟད། ད་དུང་ཚྭ་ལྡན་གནས་སུ་ཚྭ་བུལ་ལྡག་པར་འགྲོ་བཞིན་ཡོད། ཤ་བ་འདི་རིགས་ཚོར་བ་རྣོ་ཞིང་ལུས་ནི་ལྡེམ་སྒྱུར་ཆེ། རྣ་ཤེས་དང་སྣ་ཤེས་ཧ་ཅང་རྒྱས། མིག་ཤེས་རྩུང་ཞན། སྙོ་ཁོག་ཆུང་བས་སྐྲག་སླ་བ་ཡིན། རྐང་ལག་ཕྲ་ཞིང་རིང་ལ། རྨིག་ཆུང་ཞིང་རྩེ་མོ་ཕྲ་བས། མྱུར་དུ་རྒྱུགས་པའམ་མཆོང་རྩལ་ཧ་ཅང་ཆེ། ནར་སོན་པའི་ཤ་བ་ཕོ་རིགས་གཅིག་པུར་འཚོ་བ་དང་། དབྱར་དུས་དང་དགུན་དུས་བར་ཐག་ཐུང་ངུའི་བར་ལ་གནས་སྡོ། ས་ཁོངས་ཀྱི་འདུ་ཤེས་ངེས་ཅན་ཞིག་ཡོད་པ་དང་། ལྷག་པར་དུ་སྐྱེ་འཕེལ་དུས་ཚིགས་ངེས་ཅན་ཞིག་ཡོད། རྩོད་གཞི་འབྱུང་སྐབས། རྒྱུན་པར་ཤ་རྭ་དང་མིག་ཤ་གཉིས་མཚོན་ཆ་གཙོ་བོར་འཛིན་གྱིན་ཡོད། ལོ་གཅིག་ལ་ཐེངས་གཅིག་ལ་སྐྱེ་འཕེལ་བྱེད། ཤ་མོར་མངལ་སྦྲུམ་པའི་དུས་ཡུན་ཕལ་ཆེར་གཟའ་འཁོར30ཡིན། དེའི་ཕྱི་ལོའི་ཟླ5—6པའི་བར་ལ་བཙའ་བ་དང་། ཤ་མ་རེ་ཤ་ཕྲུག་རེ་མ་གཏོགས་ཤ་ཕྲུག་གཉིས་བཙའ་བའི་གནས་ཚུལ་ཤིན་ཏུ་ཉུང་། ཤ་ཕྲུག་བཙས་ནས་ཟླ་བ10—12འགོར་རྗེས་རང་ཚུགས་ཐུབ་ཀྱིན་ཡོད།

ས་ཁམས་ཁྱབ་ཚུལ། རྒྱལ་ནང་དུ་གཙོ་བོར་ཧེ་ལུང་ཅང་དང་། ཅི་ལིན། ཨན་ཧུའེ། ཅང་ཞི། ཀྲེ་ཅང་། སི་ཁྲོན། ཐའེ་ཝན། ཀན་སུའུ་བཅས་སུ་ཁྱབ་ཡོད།

སྲུང་སྐྱོབ་རིམ་པ། རྒྱལ་ཁབ་ཀྱི་རིམ་པ I གཙོ་གནད་སྲུང་སྐྱོབ་བྱ་བའི་རི་སྐྱེས་སྲོག་ཆགས་དང་། ཀྲུང་གོའི་སྐྱེ་དངོས་སྣ་མང་རང་བཞིན་གྱི་མིང་ཐོ་དམར་པོ་ལས་ཉེན་ཁའི་རིགས་ཡིན།（EN）

8. 狍 *Capreolus pygargus*
英文名：Siberian Roe Deer

形态特征：中小型鹿类，体长 0.95—1.35 米，肩高 0.67—0.78 米，体重 15—30 千克。鼻吻裸出无毛，吻部棕色，鼻端黑色，两颊黄棕色，眼大，有眶下腺，耳短宽而圆，内外均被毛，耳基黄棕色，耳背灰棕色，耳内淡黄而近于白色，耳尖黑色。额、颈和体背为暗棕色，稍带棕黄色，下颌淡黄，喉灰棕，腹部淡黄色。颈和四肢都较长，后肢略长于前肢，蹄狭长，四肢外侧沙黄色，内侧较淡。尾很短，淡黄色，隐于体毛内。臀部有明显的白色块斑。幼狍有 3 纵列白斑点，当体重达 11 千克左右时即消失。仅雄性具角，角短，仅有三叉，无眉叉，角在秋季或初冬会脱落，之后缓慢重生。

生态习性：狍主要栖息于荒山混交林或疏林草原附近。主要在黄昏以后到次日清晨活动。在青海省东部地区，狍在冬季喜欢栖息于沙棘丛及桦树与针叶树组成的混交林一带，夏季则往高处较凉爽的环境中活动和栖居。以草类和各种树叶、嫩枝为食，特别喜欢啃食落叶树的幼苗。狍受到惊吓后，其白色臀毛会一下子“炸开”，雄性为肾形，雌性为心形。受孕的雌狍于翌年 4 月或 5 月产仔，每胎一般 2 仔。幼体出生不久即能随母体缓慢行走，半月后，就能随母体到处游荡。

地理分布：国内主要分布于内蒙古、黑龙江、吉林、河北、河南、山西、陕西、新疆、青海、四川、甘肃、重庆、宁夏、北京、辽宁、湖北和西藏。

保护级别：中国生物多样性红色名录 – 近危（NT）。

8. ཁ་ཤ *Capreolus pygargus*
དབྱིན་ཡིག་གི་མིང་། Siberian Roe Deer

གཟུགས་དབྱིབས་ཁྱད་ཆོས། ཁ་ཤ་འདི་ནི་ཤ་རིགས་འབྲིང་ཆུང་གི་གྲས་ཡིན་ལ། ལུས་པོའི་རིང་ཚད་ལ་སྨི0.95—1.35དང་། ཐག་པའི་མཐོ་ཚད་ལ་སྨི0.67—0.78 ལྗིད་ཚད་ལ་སྤྱི་རྒྱ15—30བཅས་ཡོད། སྣ་མཆུ་གཅེར་བུ་ལས་སྤུ་མེད་པ་དང་། མཆུ་ཚོས་སྨུག་པོ། སྣ་སྡེ་ནག་པོ། འགྲམ་གཉིས་སྨུག་པོ། མིག་ཆེ་བ། མིག་གི་འོག་ཏུ་གཤེར་རྫེན་ཡོད་པ། རྣ་ཐུང་ཞིང་སྒོར་མོ་ཡིན་པ་དང་ཕྱི་ནང་ཚང་མར་སྤུ་ཡོད། རྣ་རྩང་སེར་པོ། རྣ་རྒྱབ་སྨུག་པོ། རྣ་ནང་སེར་སྐྱ་དང་དེའི་ནང་སྤུ་མདོག་དཀར་པོ་འདྲེས་ཡོད། རྣ་རྩེ་ནག་པོ། དཔྲལ་བ་དང་སྐེ་དང་ལུས་ཀྱི་རྒྱབ་ངོས་ནི་སྨུག་སྐྱའི་མདོག་ཡིན་ལ། ཅུང་སེར་པོ་ཡིན། མ་མགལ་སེར་པོ་དང་མིད་པ་སྨུག་པོ། གསུས་མདོག་སེར་པོ། སྐེ་དང་རྐང་ལག་གཉིས་ཀ་ཅུང་རིང་བ་དང་། ཤུག་པ་སྔོན་མ་གཉིས་གཞུག་མ་གཉིས་ལས་རིང་བ་དང་། རྨིག་པ་ནར་རིང་ཡིན་ལ། ཡན་ལག་བཞིའི་ཕྱི་གཤོགས་སེར་སྐྱ་ཡིན་པ། ནང་

གཞོགས་ཅུང་སྣ། རྔ་མ་ཐུང་ཞིང་མདོག་སེར་སྐྱ་ཡིན་པ་དང་ལུས་ཀྱི་སྦུ་ནང་དུ་གནས། འཕོངས་ལ་མདོག་དཀར་པོའི་ཁྲ་རིས་ཡོད། ཕྲུ་གུའི་ལུས་སྟེང་ན་གཞུང་རིས་དཀར་པོ3ཡོད་ལ། ལུས་པོའི་ཕྱེད་ཚད་ལ་སྟོང་ཁེ11ཡས་མས་ལ་སླེབ་དུས་མེད་པར་འགྱུར། ཕོ་རིགས་ལ་རྭ་ཡོད་པ་དང་རྭ་ཐུང་ལ་ཁ་དབྲག་གསུམ་ལས་མེད་ལ་སྨིན་མའི་ཁ་དབྲག་མེད། སྟོན་ཀའམ་དགུན་འགོར་ལྷུང་བ་དང་དེ་རྗེས་སུ་དཔལ་བུའི་དང་ཡང་བསྐྱར་སྐྱེ་བ་ཡིན།

སྐྱེ་ཁམས་གོམས་གཤིས། ཁ་ཤ་འདིའི་རིགས་གཙོ་བོར་རི་རྒོད་དང་ནགས་ཚལ་མཉམ་འདྲེས་སམ་ཡང་ན་ནགས་ཚལ་ཐར་ཐོར་དང་རྩྭ་ཐང་གི་ཉེ་འགྲམ་དུ་འཚོ་སྡོད་བྱེད་ཀྱིན་ཡོད། གཙོ་བོར་ས་སྲོད་ཀྱི་རྗེས་ནས་ཕྱི་ཉིན་ཞོགས་པར་འགྲུལ་སྐྱོད་བྱེད། མཚོ་སྔོན་ཞིང་ཆེན་གྱི་ཤར་རྒྱུད་ས་ཁུལ་དུ་དགུན་དུས་སུ་སླ་ཚེར་དང་ཤིང་སྟག་གཉིས་ལས་གྲུབ་པའི་མཉམ་བསྲེས་ནགས་ཚལ་དུ་འཚོ་རྒྱུར་དགའ་པོ་ཡོད་ཅིང་། དབྱར་དུས་སུ་ས་བབ་མཐོ་ལ་བསིལ་འཇམ་གྱི་ཁོར་ཡུག་ཁྲོད་དུ་འཚོ་སྡོད་བྱེད་ཀྱིན་ཡོད། རྩྭ་རིགས་དང་། ལོ་མ་སྣ་ཚོགས། ཡལ་ག་མཉེན་པོ་བཅས་ཟ་རྒྱུར་དགའ་བ་དང་། ལྷག་པར་དུ་ལོ་ལྷུང་ལྗོན་ཤིང་གི་སྨྱུ་གུ་ཟ་རྒྱུར་དགའ། ཁ་ཤར་འཛིགས་སྐྲག་ཐེབས་རྗེས། དེའི་མདོག་དཀར་པོའི་འཕོངས་སྤུ་གློ་བུར་དུ་ཁ་འབྱེད་པ་དང་ཕོ་ནི་མཁལ་མའི་དབྱིབས་དང་། མོ་ནི་སྙིང་གི་དབྱིབས་ཡིན། མངལ་སྦྲུམ་པའི་ཁ་ཤ་ཕྱི་ལོའི་ཟླ4པའམ་ཡང་ན་ཟླ5པར་ཤ་ཕྲུག་བཙའ་ཡི་ཡོད། ཁ་ཤ་རེར་ཤ་ཕྲུག2རེ་བཙའ་བཞིན་ཡོད། ཤ་ཕྲུག་མི་རིང་བར་མའི་རྗེས་སུ་འབྲངས་ནས་དཔལ་བུར་འགྲོ་བ་དང་། ཟླ་ཕྱེད་ཀྱི་རྗེས་སུ་མའི་རྗེས་སུ་འབྲངས་ནས་གང་སར་འཁྱམས་ཐུབ།

ས་ཁམས་ཁྱབ་ཚུལ། རྒྱལ་ནང་དུ་གཙོ་བོར་ནང་སོག་དང་། ཧེ་ལུང་ཅང་། ཅི་ལིན། ཧོ་པེ། ཧོ་ནན། ཧྲན་ཞི། ཧྲའན་ཞི། ཞིན་ཅང་། མཚོ་སྔོན། སི་ཁྲོན། ཀན་སུའུ། ཁྲུང་ཆིང་། ཉིང་ཞ། པེ་ཅིང་། ལེའོ་ཉིང་། ཧུའུ་པེ། བོད་ལྗོངས་བཅས་སུ་ཁྱབ་ཡོད།

སྲུང་སྐྱོབ་རིམ་པ། ཀྲུང་གོའི་སྐྱེ་དངོས་སྣ་མང་རང་བཞིན་གྱི་མིང་ཐོ་དམར་པོ་ལས་ཉེན་ཁའི་རིགས་ཡིན། (NT)

9. 马鹿 *Cervus elaphus*

英文名：Red Deer

形态特征：体重 220 千克以上，身长可超过 2 米，体型大于白唇鹿。仅雄鹿具角，角分叉，成体角尖可达五尖以上。鼻端裸露，具眶下腺，前额、头顶深褐色，略沾焦黄色。耳长而尖，耳缘微曲，耳内污白色，耳背污白沾褐色，耳缘深褐色。体背平直，颈部、上体褐灰色或暗褐色。自后头中央沿颈背有一条较宽而不太显著的褐色纹，达至肩后，由此开始沿脊背至臀部显得更微弱，不易分辨。臀部褐色，臀斑洁白色或棕黄色，其边缘纯黑色或褐色。尾背褐色，尾腹裸露。四肢褐色，膝、肘部焦黄色或浅灰色。腹部褐灰色，会阴部焦黑色，鼠蹊一带纯白色。夏毛通体呈赤褐色。

生态习性：马鹿主要栖息于海拔较高的森林或灌丛草原地带。食物种类广，包括草类、灌丛及树木的幼嫩枝叶等。冬季除了以各种枯草为食外，往往还啃食大量的苗木，在大雪封山以后，这种现象更为明显。性机警，善于奔跑。听觉和嗅觉特别灵敏，稍遇异常情况则立即逃离。一般以小群活动。繁殖期雄鹿之间争雌现象激烈，日夜嘶鸣，几乎不食。母鹿于初夏开始产羔，每胎为 1 仔，偶尔 2 仔。

地理分布：国内主要分布于甘肃、内蒙古、吉林、西藏、青海、四川、黑龙江和新疆。

保护级别：国家Ⅱ级重点保护野生动物（西藏亚种为Ⅰ级）；中国生物多样性红色名录－濒危（EN）。

9. ཤྭ་སེར། *Cervus elaphus*
དབྱིན་ཡིག་གི་མིང་། Red Deer

གཟུགས་དབྱིབས་ཁྱད་ཆོས། ཧ་ཤྭ་འདིའི་རིགས་ཀྱི་ལྗིད་ཚད་སྟོང་ཁ220ཡན་ཆད་ཡོད་པ་དང་། གཟུགས་པོའི་རིང་ཚད་སྨི2ལས་བརྒལ་ཡོད། གཟུགས་པོ་ཤྭ་བ་མཚུ་དཀར་ལས་ཆེ་ཞིང་། ཤྭ་ཕོ་ཁོ་ནར་ར་ཡོད་པ་དང་། ར་ཁ་དབྱག་ཏུ་གྱུར་ཅིང་དར་མའི་ར་རྩེ་ལ་རྩེ་ལྔ་ཡན་ཡོད། སྣ་སྣེ་གཅེར་བུར་བུད་པ་དང་མིག་འོག་ཏུ་གཤེར་རྨེན་ཡོད། ཐོད་པ་དང་མགོ་སྨུག་པོ་ཡིན་ལ་དེའི་ནང་སེར་མདོག་ཙུང་འདྲེས་ཡོད། རྣ་རིང་ཞིང་རྩེ་མོ་ཡིན་པ་དང་། རྣ་སྣེ་ཙུང་འཁྱོག་པ། རྣ་ནང་གི་མདོག་དཀར་པོ་ཡིན་ལ། རྣ་རྒྱབ་དང་རྣ་སྣེ་སྨུག་པོ་ཡིན། ལུས་ཀྱི་རྒྱབ་དྲང་བ། སྐེ་དང་སྙིང་གི་མདོག་སྨུག་པོ་ཡིན་ལ། ལྟག་པའི་དཀྱིལ་དང་སྐེ་ལྟག་གི་རྒྱབ་ཞིང་ཙུང་ཆེ་ལ་མངོན་གསལ་མིན་པའི་ཁམ་རིས་ཤིག་ཡོད་པ་ཐྲག་པའི་སྟེང་དུ་སླེབས་རྗེས། སྒལ་རྒྱབ་ནས་འཕོངས་ཚོས་བར་དུ་ཇེ་ཐབ་ཏུ་སོང་ནས་དབྱེ་བ་འབྱེད་དཀའ། འཕོངས་མདོག་ཁམ་མདོག་ཡིན་པ་དང་

འཕོངས་རིས་དཀར་སྨུག་དང་མཐའ་ནག་པོའམ་ཁམ་མདོག་ཡིན། ཇ་མའི་རྒྱབ་ཁམ་མདོག་ཡིན་པ་དང་ཇ་མའི་ནང་གཅེར་བུར་མངོན། རྐང་ལག་སྨུག་པོ་དང་ཕུས་མོ། གྲུ་མོ་སོགས་སེར་པོའམ་སྐྱ་སྐྱ་ཡིན། གསུམ་པའི་མདོག་སྐྱ་བོ་དང་མཚན་སྐྱིའི་མདོག་ནག་པོ་ཡིན་ལ་འདོམས་ཀྱི་མདོག་ནི་དཀར་པོ་ཡིན། དབྱར་ཁ་སྤུ་ཕྲུང་ཅིང་མདོག་ནི་ཁམ་སེར་ཡིན།

སྐྱེ་ཁམས་གོམས་གཤིས། ཤྭ་སེར་འདིའི་རིགས་གཙོ་བོ་ས་བབ་ཅུང་མཐོ་བའི་ནགས་ཚལ་དང་སྤོང་ཐང་སྤང་ཐང་ཁུལ་དུ་འཚོ་སྡོད་བྱེད་ཀྱིན་ཡོད། བཟའ་ཆས་ཀྱི་རིགས་རྒྱ་ཆེ་ཞིང་། དེའི་ཁོངས་སུ་རྩྭའི་རིགས་དང་། སྤོང་ཐང་ནགས་ཚལ། ཤིང་སྡོང་གི་སྨྱུ་གུ་སྙི་མོ་སོགས་ཚུད་ཡོད། དགུན་ཁར་རྩྭ་སྐམ་གྱི་རིགས་ཟ་དགོས་པ་ལས་གཞན། ད་རུང་རྒྱུན་དུ་སྤོང་ཕྲུག་མང་པོ་ཟ་བཞིན་ཡོད། ཁ་བ་ཆེན་པོ་བབས་ནས་རི་ལམ་བཀག་རྗེས། སྡང་ཚུལ་འདིའི་རིགས་ལྷག་ཏུ་མངོན་གསལ་ཡིན། རང་བཞིན་དོགས་ཟོན་ཆེ་ཞིང་རྒྱུག་པར་མཁས། ཐོས་ཚོར་དང་སྣ་ཤེས་ཧ་ཅང་རྣོ། རྒྱུན་ལྡན་མིན་པའི་གནས་ཚུལ་ལ་འཕྲད་ན་མྱུར་དུ་བྲོས་བྱོལ་བྱེད། ཕྱིར་ཚོགས་པ་ཆུང་ཆུང་རེ་ཁྱུ་བྱས་ནས་འགྲུལ་སྐྱོད་བྱེད་བཞིན་ཡོད་ལ། སྐྱེ་འཕེལ་གྱི་དུས་སུ་ཤྭ་ཕོ་ཕན་ཚུན་རྟུང་ཁ་བྱེད་པའི་སྡང་ཚུལ་ཛ་དྲག་ཆེ་བ་དང་། ཉིན་མཚན་ཀུན་ཏུ་སྐད་འཛེར་ནས་ཧ་ལམ་ཟ་མི་དགོས་པ་རེད། ཤྭ་མ་ལ་དབྱར་འགོའི་དུས་ནས་བཟུང་ཤྭ་ཕྲུག་བཙའ་བ་དང་། ཤྭ་མ་རེར་ཤྭ་ཕྲུག1རེ་བཙའ་བ་ཡོད། སྐབས་འགར་ཤྭ་ཕྲུག2རེ་བཙའ་དུས་ཀྱང་ཡོད།

ས་ཁམས་ཁྱབ་ཚུལ། རྒྱལ་ནང་དུ་གཙོ་བོར་ཀན་སུའུ་དང་། ནང་སོག ཙེ་ལིན། བོད་ལྗོངས། མཚོ་སྔོན། སི་ཁྲོན། ཧེ་ལུང་ཅང་། ཞིན་ཅང་བཅས་སུ་ཁྱབ་ཡོད།

སྲུང་སྐྱོབ་རིམ་པ། རྒྱལ་ཁབ་ཀྱི་རིམ་པ II གཙོ་གནད་སྲུང་སྐྱོབ་བྱ་བའི་རི་སྐྱེས་སྲོག་ཆགས། བོད་ལྗོངས་ཀྱི་རིགས་རྒྱུད་གཉིས་པ་རིམ་པ I ཀྲུང་གོའི་སྐྱེ་དངོས་སྣ་མང་རང་བཞིན་གྱི་མིང་ཐོ་དམར་པོ་ལས་ཉེན་ཁའི་རིགས་ཡིན། (EN)

牛科 Bovidae

10. 野牦牛 *Bos mutus*
英文名：Wild Yak

形态特征：体型笨重、粗壮，成年雄性肩高约 1.4 米，肩部中央有显著凸起的隆肉，故站立时显得前高后低。头形稍狭长，脸面平直，鼻唇小，耳相对亦小，颈下无垂肉，四肢短粗，蹄大而宽圆，乳头两对。头脸、上体和四肢下部的被毛短而致密；体侧下部、肩部、胸腹部及腿部均被长毛，其长可达 40 厘米以上；尾端长毛形成簇状。雌雄均具角，两性角型相似，但雄性角相比雌性大而粗壮。通体呈现褐黑色，仅吻周、嘴唇、脸面以及脊背一带显微弱的灰白色，尾色纯黑。老年雌体的脊背往往有微红色。

生态习性：野牦牛极耐寒，终年游荡于人迹罕至的高山峻岭、山间盆地，栖息于海拔 4000—5000 米之间的高寒荒漠草原等各种生境中。群居，除个别雄性个体有时单独生活外，一般总是雌雄及幼体一起活动，少则数头，多的可达百头以上。主要以禾本科及莎草科植物为食。雄性野牦牛们在争夺婚配权时打斗十分激烈，有的体弱者可能会被杀死，但绝大多数战败者会逃离，再到其他牛群进行决斗，寻找配偶。野牦牛的繁殖期为 9—11 月，雌性的怀孕期为 8—9 个月，翌年 6—7 月份产仔，每胎产 1 仔。幼仔出生后半个月便可以随群体活动，第二年夏季断奶。

地理分布:国内主要分布于新疆、青海、西藏、甘肃、内蒙古和四川等地。

保护级别：国家Ⅰ级重点保护野生动物；中国生物多样性红色名录 - 易危（VU）。

བ་སྐྱང་གི་ཚན་པ། Bovidae

10. འབྲོང་། *Bos mutus*

དབྱིན་ཡིག་གི་མིང་། Wild Yak

གཟུགས་དབྱིབས་ཁྱད་ཆོས། འབྲོང་ནི་མཐོ་སྒང་གི་སྲོག་ཆགས་ཤིག་ཡིན་པ་དང་། ལུས་པོའི་ལྗིད་ཚད་ཆེ་ཞིང་། རྐང་ལག་སྦོམ་ཞིང་རྒྱུས། འབྲོང་གཡག་དར་མའི་ཕྲག་པའི་མཐོ་ཚད་ལ་སྨི1.4ཡོད་པ་དང་། ཕྲག་པའི་དཀྱིལ་དུ་འབུར་ཡོད་པའི་ཤ་ཡོད་པས། ཡར་ལངས་སྐབས་མདུན་མཐོ་ལ་རྒྱབ་དམའ་བ་ཡིན། མགོའི་དབྱིབས་ཅུང་དོག་ཅིང་རིང་བ་དང་། གདོང་དྲང་མོ་ཡིན། སྣ་མཆུ་ཆུང་བ་དང་རྣ་ཡང་སྙོས་བཅས་ཀྱིས་ཆུང་། སྐེ་འོག་ཏུ་འཕྱང་ཤ་འཕྱང་མེད་པ་དང་། རྐང་ལག་ཐུང་ཞིང་སྦོམ་པོ་ཡིན། རྨིག་པ་ཆེ་བ་དང་སྒོར་མོ་ཡིན། རུ་མགོ་ཆ་གཉིས་ཡོད། མགོ་དང་ཁོག་སྟོད། ཡན་ལག་བཞིའི་སྨད་ཀྱི་སྤུ་ཐུང་ཞིང་ཚགས་དམ་པ། ཁོག་སྨད་དང་ཕྲག་པ། བྲང་ཁོག་རྐང་པ་བཅས་ཚང་མ་སྤུ་རིང་པོ་ཡོད་པ་དང་། དེའི་རིང་ཚད་ལི་སྨི40ཡན་ཡོད། ཛ་མའི་སྤུ་རིང་ཞིང་ཚོམ་དབྱིབས་སུ་གྲུབ། འབྲོང་ཕོ་མོ་ཚང་མར་རྭ་ཡོད་པ་དང་། རྭ་དབྱིབས་འདྲ་བ་ཡིན་མོད། འོན་ཀྱང་འབྲོང་ཕོའི་རྭ་ནི་མོ་རིགས་ལས་ཆེ་ཞིང་སྦོམ་པོ་ཡིན། སྤྱིར་འབྲོང་གི་སྤུ་

མདོག་ནག་པོ་ཡིན་པ་དང་། མཆུ་དམར་སྐྱ་ཡིན་པ་དང་གདོང་དང་སྐལ་བའི་ངོས་ལ་ཐུང་གསལ་བའི་མདོག་སྐྱ་བོ་དང་། ཛ་མའི་ཁ་དོག་ནག་པོ་ཡིན། འཁྲོང་རྐན་མའི་སྐལ་བར་ཐུང་དམར་པོ་ཡིན།

སྐྱེ་ཁམས་གོམས་གཤིས། འཁྲོང་གིས་གྲང་ངར་ཐེག་ཐུབ་ཅིང་། ལོ་རེ་བཞིན་མཐོང་དཀོན་པའི་རི་བོ་མཐོན་པོ་དང་མཐོ་སྒང་གི་རི་ཁུལ། རྩྭ་ཐང་སོགས་སུ་འཁྱམས་ནས་ཡོད་པ་དང་། མཚོ་ངོས་ལས་མཐོ་ཚད་སྨི4000—5000བར་གྱི་མཐོ་སྒང་གི་གྲང་ངར་ཆེ་བའི་ཐང་སྟོད་རྩྭ་ཐང་སོགས་ཁོར་ཡུག་སྡུ་ཚོགས་སུ་འཚོ་བཞིན་ཡོད། འཁྲོང་ནི་ཁྱུ་ཚོགས་བྱས་ནས་སྡོད་པ་སྟེ། འཁྲོང་ཕོ་ཡི་རིགས་རེ་ཟུང་སྐབས་འགར་ཁེར་རྐྱང་དུ་འཚོ་བ་ལས་གཞན། ཕྱིར་བཏང་དུ་འཁྲོང་ཕོ་མོ་དང་བེའུ་མཉམ་དུ་འཚོ་ཞིང་གནས་པ་དང་། ཁྱུང་ན་ཁ་ཤས་དང་མང་ན་བརྒྱ་ཡན་ཡོད། གཙོ་བོར་སྔོ་མ་ཅན་གྱི་སྐྱེ་དངོས་དང་བྱེ་རྩྭ་སྔོར་གྱི་རྩེ་ཤིང་བཟའ་བཞིན་ཡོད། འཁྲོང་ཕོ་རྣམས་ཀྱིས་དུས་ལ་འགྲོ་བའི་དབང་ཆ་རྩོད་ལེན་བྱེད་སྐབས་རྟུང་ཁ་དྲག་པོ་བྱེད་པ་དང་། ལུས་སྟོབས་ཞན་རིགས་ཁ་ཤས་གསོད་སྲིད་མོད། འོན་ཀྱང་ཕམ་མཁན་མང་ཤོས་བྲོས་བྱོལ་དུ་འགྲོ་བ་དང་། དེ་ནས་ནོར་ཁྱུ་གཞན་དག་ལ་རྟུང་ཁ་བྱས་ཏེ་འཁྲོང་མོ་འཚོལ་བཞིན་ཡོད། འཁྲོང་གི་སྐྱེ་འཕེལ་དུས་ཚོད་ནི་ཟླ9པ་ནས11པའི་བར་ཡིན་པ་དང་། འཁྲོང་མོ་ལ་མངལ་འཁོར་བའི་དུས་ཚོད་ནི་ཟླ8—9པའི་བར་ཡིན། ཕྱི་ལོའི་ཟླ6—7པའི་བར་དུ་བེའུ་བཙའ་བ་དང་མ་རེ་བེའུ1བཙའ་བཞིན་ཡོད། བེའུ་བཙས་ནས་ཟླ་ཕྱེད་ཙམ་འགོར་རྗེས་ཁྱུ་ཚོགས་དང་མཉམ་དུ་འཚོ་ཆོག་ཅིང་། ལོ་གཉིས་པའི་དབྱར་དུས་སུ་ནུ་མ་ནུ་མཚམས་འཇོག་པ་རེད།

ས་ཁམས་ཁྱབ་ཚུལ། རྒྱལ་ནང་དུ་གཙོ་བོར་ཞིན་ཅང་དང་། མཚོ་སྔོན། བོད་ལྗོངས། ཀན་སུའུ། ནང་སོག སི་ཁྲོན་སོགས་སུ་ཁྱབ་ཡོད།

སྲུང་སྐྱོབ་རིམ་པ། རྒྱལ་ཁབ་ཀྱི་རིམ་པ I གཙོ་གནད་སྲུང་སྐྱོབ་བྱ་བའི་རི་སྐྱེས་སྲོག་ཆགས་དང་། ཀྲུང་གོའི་སྐྱེ་དངོས་སྣ་མང་རང་བཞིན་གྱི་མིང་ཐོ་དམར་པོ་ལས་ཉེན་སྐྱིའི་རིགས་ཡིན། (VU)

11. 中华鬣羚 *Capricornis milneedwardsii*
英文名：Chinese Serow

形态特征：外形似羊，但比羊大得多。颈背有长而下披的雪白色鬃毛，称为鬣。头形狭长，四肢粗壮，被毛粗硬，通体黑灰或红灰色，但上下唇及耳内污白色。有明显的眶下腺。雌雄均具角，角较短，形状简单。耳似驴耳，狭长而尖。体高腿长，颈背部有长而蓬松的鬃毛形成向背部延伸的粗毛脊。尾短被毛，长鬃和腿部，毛粗，毛层较薄。在重庆等地被称为“明鬃羊”，又因为它的体型庞大，在四川等地被称为“山驴”。

生态习性：中华鬣羚是典型的森林动物，主要栖息于海拔800—4500米崎岖陡峭多岩石的丘陵地区的针阔混交林或杂灌林中，多夜间活动。通常冬季喜在森林中的大树下、灌木丛中休息，夏季则转移到高海拔的峭壁区避风、过夜。以草类、树叶为主要食物，也喜食林下的菌类、松萝。每年繁殖一次，每胎 1 仔，冬末繁殖，于翌年夏季产仔。2 岁的幼体仍跟随母亲一起生活，直至第三年才独立活动。

地理分布:国内主要分布于甘肃、青海、浙江、陕西、河南、安徽、湖南、湖北、江西、四川、云南、贵州、西藏、福建、广东和广西。

保护级别：国家Ⅱ级重点保护野生动物；中国生物多样性红色名录 - 易危（VU）。

11. ཀྲུང་ཧྭ་གཙོད། *Capricornis milneedwardsii*
དབྱིན་ཡིག་གི་མིང་། Chinese Serow

གཟུགས་དབྱིབས་ཁྱད་ཆོས། རི་སྐྱེས་སྲོག་ཆགས་འདིའི་ཕྱིའི་རྣམ་པ་ལུག་དང་འདྲ་མོད། འོན་ཀྱང་ལུག་ལས་ཆེ། མཛིང་རྒྱབ་ཏུ་རིང་བ་དང་ཕྱུར་དུ་གྱོན་པའི་ཟེ་རྫོག་དཀར་པོ་ཡོད། མགོ་ཕྲ་ཞིང་རིང་བ། རྐང་ལག་སྲོམ་ཞིང་ཐང་བ། སྤུ་རྩུབ་ཅིང་སྲོམ་པ་ཡིན། ལུས་མདོག་ནི་ཐལ་བ་དང་སྐྱ་བོ་ཡིན་མོད། འོན་ཀྱང་ཡ་མཆུ་མ་མཆུ་དང་རྣ་ནང་གི་མདོག་དཀར་པོ་ཡིན། མིག་གོང་འོག་ཏུ་མངོན་གསལ་གྱི་གཉེར་རྨེན་ཡོད། ཕོ་མོ་ཚང་མར་རྭ་ཡོད་པ་དང་། རྭ་ཐུང་ཞིང་དབྱིབས་སྟབས་བདེ་ཡིན། རྣ་ནི་བོང་རྣ་དང་འདྲ་བས་དོག་ཅིང་རྩེ་མོ་རིང་། སུག་བཞི་རིང་ཞིང་། མགོ་ན་རྒྱབ་ཕྱོགས་སུ་གུག་པའི་རྭ་ཐུང་ཡོད་ལ། སྐེ་རྒྱབ་ཏུ་རིང་ཞིང་སྔོད་ཡོད་པའི་རྫོག་མ་དེ་རྒྱབ་ཏུ་བསྒྲིངས་པའི་སྤུ་རྩུབ་པོའི་སྐལ་འབྱར་དུ་གྲུབ་ཡོད། མིག་གོང་འོག་ཏུ་མངོན་གསལ་གྱི་གཉེར་རྨེན་ཡོད་པ་དང་། ཛ་མ་ཐུང་ཞིང་སྤུ་ཡོད་པས། ལུས་པོའི་སྤུ་མདོག་ནག་པོའམ་ཐལ་མདོག་ཡིན་པ་དང་། སྨུག་པར་དུ་རྫོག་མ་དང་རྐང་པའི་སྤུ་སྲོམ་པ་དང་སྤུ་རྩ་སྲབ་མོ་ཡིན། ཀྲུང་ཧྭ་གཙོད་ཀྱི་སྐེ་ལ་གངས་ཀྱི་

རྩོག་མ་དཀར་པོ་ཞིག་བཀལ་ཡོད་པས། ཁྲུང་ཆེན་སོགས་སུ་དེ་ལ“ཟེ་དག”ཅེས་བརྗོད་ཀྱིན་ཡོད། གཞན་ཡང་དེའི་གཟུགས་གཞི་ཏ་ཙང་ཆེ་བས་སི་ཁྲོན་སོགས་སུ“རི་ཁྲུལ་གྱི་བོང་བུ”ཞེས་འབོད་ཀྱིན་ཡོད།

སྐྱེ་ཁམས་གོམས་གཤིས། ཀྲུང་ཧྭ་གཙོད་ནི་དཔེ་མཚོན་གྱི་ནགས་ཚལ་སྲོག་ཆགས་ཤིག་ཡིན་ཞིང་། གཙོ་བོར་མཚོ་ངོས་ལས་མཐོ་ཚད་སྨི800—4500བར་གྱི་གཡང་གཟར་བྲག་རྡོ་མང་བའི་རི་མ་ཐང་དུ་འཚོ་སྡོད་བྱེད་ཀྱིན་ཡོད། མཚན་མོར་མང་དུ་འགུལ་སྐྱོད་བྱེད། དུས་རྒྱུན་དུ་དགུན་དུས་ནགས་ཚལ་ཁྲོད་ཀྱི་ཤིང་སྡོང་ཆེན་པོ་དང་སྡོང་ཕྲན་ནགས་རྫོབ་ཏུ་ངལ་གསོ་བར་དགའ་བ་དང་། དབྱར་དུས་ས་བབ་མཐོ་བའི་གཡང་གཟར་ཁུལ་དུ་རླུང་ལ་གཡོལ་ཞིང་མཚན་མོ་སྐྱིལ་གྱིན་ཡོད། རྩྭ་དང་ལོ་མ་ནི་ཟས་རིགས་གཙོ་བོ་ཡིན་ལ། ནགས་ཁྲོད་ཀྱི་འབྲུ་ཕྲའི་རིགས་དང་ཐང་ལོ་ཟ་བར་དགའ། ལོ་རེར་གཙོད་མ་རེར་གཙོད་ཕྲུག་ཐེངས་རེར་བཙའ་བ་དང་ཐེངས་རེར་གཅིག་རེ་བཙའ་བཞིན་ཡོད། དགུན་མཇུག་ལ་ཕྲུ་གུ་མངལ་དུ་ཆགས་ཀྱིན་ཡོད་པས་ཕྱི་ལོའི་དབྱར་དུས་སུ་ཕྲུ་གུ་བཙའ་བཞིན་ཡོད། ལོ2ལ་སླེབས་པའི་ཕྲུ་གུ་ཐར་བཞིན་ཨ་མ་དང་མཉམ་དུ་འཚོ་བ་སྐྱེལ་བ་དང་ལོ་གསུམ་པར་ཁེར་རྐྱང་དུ་འགུལ་སྐྱོད་བྱེད་ཀྱིན་ཡོད།

ས་ཁམས་ཁྱབ་ཚུལ། རྒྱལ་ནང་དུ་གཙོ་བོར་ཀན་སུའུ་དང་། མཚོ་སྔོན། ཀྲེ་ཅང་། ཧྲའན་ཞི། ཧོ་ནན། ཨན་ཧུའེ། ཧུའུ་ནན། ཧུའུ་པེ། ཅང་ཞི། སི་ཁྲོན། ཡུན་ནན། ཀུའེ་ཀྲོའུ། བོད་ལྗོངས། ཆུའུ་ཅན། ཀོང་ཏུང་། ཀོང་ཞི་བཅས་སུ་ཁྱབ་ཡོད།

སྲུང་སྐྱོབ་རིམ་པ། རྒྱལ་ཁབ་ཀྱི་རིམ་པ II གཙོ་གནད་སྲུང་སྐྱོབ་བྱ་བའི་རི་སྐྱེས་སྲོག་ཆགས། ཀྲུང་གོའི་སྐྱེ་དངོས་སྣ་མང་རང་བཞིན་གྱི་མིང་ཐོ་དམར་པོ་ལས་ཉེན་ལྡན་རིགས་ཡིན། (VU)

12. 盘羊 *Ovis ammon*
英文名：Argali

形态特征：体型较大，四肢稍短，尾极短小，不明显。雄羊体长可达1.9米，雌羊体长达1.6米。雌雄皆具角。雄羊角自头顶长出后，两角略微向外侧后上方延伸，随即再向下方及前方转弯，角尖最后又微微往外上方卷曲，形成明显的螺旋状角形。雌羊角形简单，较短细，角长不超过50厘米，角形呈镰刀状。通体被毛粗硬而短，唯颈部被毛较长。有眶下腺及蹄腺。乳头一对。通体灰白或灰褐色；脸面、肩胛、前背呈浅灰棕色；耳内白色，喉部浅黄色；胸、腹部、四肢内侧和下部及臀部均呈污白色，前肢前面毛色深暗于其他各处；尾背色调与体背相同。通常雌羊毛色比雄羊的深暗。盘羊长有螺旋状扭曲的羊角，随着年龄的增长，一部分盘羊的羊角会长得越来越弯曲，从而有可能使自己的羊角戳到自己的脸上或喉咙上，而一旦角戳到自己的脸上或喉咙上时，随着时间的推移，锐利的羊角就有可能将自己的面部或喉咙刺破，从而使它们因失血或感染细菌而死亡。

生态习性：盘羊喜在海拔 3500—5500 米左右半开阔的高山裸岩带及起伏的山间丘陵生活。夏季常活动于雪线下缘，冬季当其栖息环境积雪深厚时，从高处迁至低处山谷地区活动，有季节性的垂直迁徙习性。视觉、听觉、嗅觉相当敏锐，性情机警。常以小群活动，数量不等。冬季雌雄合群活动。食性范围广，采食各种植物。繁殖季节每只雄羊与数只雌羊一起生活，配种季节结束后分开活动。雌羊次年夏季产羔，妊娠期约为 180 天，每胎 1 仔。

地理分布：国内主要分布于新疆、青海、甘肃、西藏、四川和内蒙古。

保护级别：国家Ⅱ级重点保护野生动物（西藏亚种为Ⅰ级）；中国生物多样性红色名录 - 近危（NT）。

12. གཉན། *Ovis ammon*
དབྱིན་ཡིག་གི་མིང་། Argali

གཟུགས་དབྱིབས་ཁྱད་ཆོས། གཉན་ནི་གཟུགས་དབྱིབས་ཆེ་བའི་ལུག་གི་རིགས་ཤིག་སྟེ། རྐང་ལག་རིང་ཞིང་ཞིང་ཟ་མ་ཕྲང་ལ་མངོན་གསལ་མེད། ཕོ་ཡི་ལུས་པོའི་རིང་ཚད་སྨི1.9དང་མོ་ཡི་རིང་ཚད་སྨི1.6ཡོད། ཕོ་མོ་ཚང་མར་རྭ་ཡོད། ཕོ་ཡི་རྭ་ནི་མགོ་ནས་ཐོན་རྗེས་རྩེ་གཉིས་ནི་ཕྱི་གཞོགས་ཀྱི་རྒྱབ་ངོས་སུ་བསྒྲིངས་ཡོད་པ་དང་། དེ་ནས་མུ་མཐུད་དུ་གཤམ་དང་མདུན་ཕྱོགས་སུ་དཀྱོགས་ཡོད། རྭ་རྩེ་ནི་ཆེས་མཇུག་ཏུ་ཅུང་ཕྱི་ལ་གུག་ནས་དུང་འཁྱིལ་གྱི་དབྱིབས་སུ་གྲུབ་ཡོད། མོ་ཡི་རྭ་ནི་སྐབས་བདེ་ཡིན་ཞིང་། ཕྲང་ཞིང་ཐྲ་བ་དང་། རྭ་ཡི་རིང་ཚད་ལི་སྨི50ལས་མི་བརྒལ་ལ། རྭ་ཡི་དབྱིབས་ཟོར་དབྱིབས་ཡིན། གཉན་གྱི་སྤུ་རྩུབ་ལ་ཕྲང་བ་དང་། སྙེ་རྐྱང་ལ་སྤུ་ཅུང་རིང་བ། མིག་ཀོང་འོག་ཏུ་གཤེར་རྨེན་དང་རྨིག་རྨེན་ཡོད། ནུ་མགོ་ཆ་གཅིག་ཡིན། སྤྱིར་ལུས་ཀྱི་མདོག་སྐྱ་པོའམ་སྨུག་སྐྱ་ཡིན་པ་དང་། གདོང་དང་ཐྲག་པ། མདུན་རྒྱབ་བཅས་ཀྱི་མདོག་ནི་

སྨུག་སྐྱ་ཡིན། རྣ་ནང་དཀར་པོ་དང་གྲེ་བའི་མདོག་སེར་པོ་ཡིན། བྲང་དང་ཕོ་བ། རྐང་ལག་གི་ནང་ངོས་དང་ཁོག་སྨད། འཕོངས་ཁག་ཚང་མ་མདོག་དཀར་པོ་ཡིན་པ་དང་། ལག་སུག་གི་མདུན་གྱི་སྤུ་མདོག་ནི་ནག་ཅིང་སྟུག་པོ་ཡོད། ཇ་མའི་རྒྱབ་ངོས་ཀྱི་ཁ་དོག་ནི་ལུས་པོའི་རྒྱབ་ངོས་དང་མཚུངས། རྒྱུན་པར་མོ་ཡི་ལུས་མདོག་ལས་ཕོ་ཡི་ལུས་མདོག་ཅུང་ཟད་སྟུག་པོ་རེད། གཉན་ཡི་མགོ་ན་དུང་འཁྱིལ་དབྱིབས་ཀྱི་རྭ་ཡོད་པ་དང་། ལོ་ན་ཇེ་ཆེར་སོང་བ་དང་བསྟུན་ནས་ཁག་གཅིག་གི་རྭ་གུག་པོར་འགྱུར་བཞིན་ཡོད་པས། རང་གི་རྭ་དེ་རང་ཉིད་ཀྱི་གདོང་དང་མིད་པའི་ཐོག་ཏུ་བཙུགས་སྲིད་པ་དང་། རང་གི་རྭ་དེ་རང་གི་གདོང་དང་མིད་པར་བཙུགས་པར་རྐྱེན་བྱས་ནས་རང་ཉིད་ཤི་འགྲོ་ཉེན་ཡོད།

སྐྱེ་ཁམས་གོམས་གཤིས། གཉན་ནི་མཚོ་ངོས་ལས་མཐོ་ཚད་སྨི3500—5500གཡས་གཡོན་གྱི་ཡངས་ཤིང་རྒྱ་ཆེ་བའི་བྲག་ངོས་སུ་འཚོ་སྡོད་བྱེད་པར་དགའ་བ་དང་། དབྱར་དུས་གངས་ཟིག་གི་མར་ཕྱོགས་སུ་རྒྱུ་ཞིང་། དགུན་དུས་སུ་འཚོ་སྡོད་ཁོར་ཡུག་ལ་གངས་མཐུག་དུས་མཐོ་ས་ནས་དམའ་སར་སྤོ་འགྲོ་བས་དུས་ཚོགས་ཀྱི་རང་བཞིན་ལྡན་པའི་སྤོ་ནས་ཐད་ཀར་གནས་སྤོ་བའི་གོམས་གཤིས་ཡོད། མིག་ཤེས་དང་རྣ་ཤེས་དང་། སྣ་ཤེས་ཀྱི་ཚོར་བ་རྣོན་པོ་ཡིན་ལ། གཤིས་རྒྱུད་སྒྲུང་གྲུང་ལྡན་པ་ཞིག་ཡིན། རྒྱུན་དུ་ཚོགས་ཆུང་བྱས་ནས་འགྲུལ་སྐྱོད་བྱེད་པ་དང་གྲངས་ཀ་མི་འདྲ། དགུན་དུས་ཕོ་མོ་མཉམ་དུ་འདུས་ལ། ཟས་རིགས་ཁྱབ་རྒྱ་ཆེ་བས། རྩི་ཤིང་སྣ་ཚོགས་ཟ་བཞིན་ཡོད། རང་གི་རྒྱུད་འཕེལ་བའི་དུས་ཚོགས་སུ་ཕོ་དང་མོ་མང་པོ་མཉམ་དུ་འཚོ་བ་དང་། ཐེབ་སྒྱུར་གྱི་དུས་ཚོགས་མཇུག་སྒྲིལ་རྗེས་སོ་སོར་རང་ས་ནས་འགྲུལ་སྐྱོད་བྱེད་བཞིན་ཡོད། ལོ་རྗེས་མའི་དབྱར་དུས་སུ་མོ་ལ་གཉན་ཕྲུག་བཙའ་ཞིང་མངལ་སྦྲུམ་པའི་ཉིན180ལྷག་ཡོད་ལ། སྦྲུམ་ཐེངས་རེར་གཉན་ཕྲུག1རེ་བཙའ་བཞིན་ཡོད།

ས་ཁམས་ཁྱབ་ཚུལ། རྒྱལ་ནང་དུ་གཙོ་བོར་ཞིན་ཅང་དང་། མཚོ་སྔོན། ཀན་སུའུ། བོད་ལྗོངས། སི་ཁྲོན། ནང་སོག་བཅས་སུ་ཁྱབ་ཡོད།

སྲུང་སྐྱོབ་རིམ་པ། རྒྱལ་ཁབ་ཀྱི་རིམ་པ II གཙོ་གནད་སྲུང་སྐྱོབ་བྱ་བའི་རི་སྐྱེས་སྲོག་ཆགས། (བོད་ལྗོངས་ཀྱི་རིགས་རྒྱུད་གཉིས་པའི་རིམ་པ I) ཀྲུང་གོའི་སྐྱེ་དངོས་སྣ་མང་རང་བཞིན་གྱི་དམར་པོའི་མིང་ཐོ་ལས་ཉེན་ཁའི་རིགས་ཡིན། (NT)

13. 藏羚 *Pantholops hodgsonii*
英文名：Tibetan Antelope

形态特征：体型较大，体长在 1.4 米左右。头型宽长，鼻腔明显鼓胀，鼻孔几乎垂直向下，整个鼻孔被毛，无眶下腺，上唇特别宽厚。乳头一对，蹄略侧扁而尖。除头部、四肢下部及尾外，通体被毛丰厚绒密，毛形直。藏羚的被毛颜色夏季深而冬季变淡，个别雄羊通体几乎呈白色。头顶、颈背和躯体上部呈淡棕褐色，脸面呈淡褐灰白色，前额呈显著的暗褐色，颈、下胸、腹和四肢内侧白色，四肢前面有褐黑色纵纹。尾背毛色同体背，尾侧、尾尖白色，尾短小，尾端尖，尾腹裸露。雄性头顶有一对竖直的长角，仅角尖微向内弯，角具显著环棱，角尖附近平滑，雌性无角。

生态习性：藏羚为青藏高原特有动物，生活于海拔 4100—5300 米的荒漠草甸草原、高原草原等环境中。多结小群活动，秋后至冬春季节常有数十只至数百只大群出现。一般无固定的栖息地，随季节和食物变化而在较大范围内游荡。主要在清晨、傍晚觅食，在食物条件比较贫乏的冬春季节，取食时间延长，主要以禾本科和莎草科以及绿绒蒿属等植物为食。繁殖期藏羚雄性有争雌现象。怀孕后雌性选择隐蔽的环境生活，妊娠6个月后产仔，每胎1仔。

地理分布：中国特有种。分布于新疆、西藏和青海。

保护级别：国家Ⅰ级重点保护野生动物；中国生物多样性红色名录－近危（NT）。

13. གཙོད། *Pantholops hodgsonii*
དབྱིན་ཡིག་གི་མིང་། Tibetan Antelope

གཟུགས་དབྱིབས་ཁྱད་ཆོས། གཙོད་ཀྱི་ལུས་གཟུགས་ཆུང་ཆེ་བ་དང་། གཟུགས་པོའི་རིང་ཚད་ལ་སྨི1.4ཡས་མས་ཡོད། མགོ་ཞེང་རིང་བ་དང་སྣ་ཁུང་སྦོམ་ཡོད། སྣ་ཁུང་དྲང་འཕྱང་གིས་མར་ཕྱོགས་ཡོད། སྣ་ཁུང་དུ་སྤུ་ཡོད་ལ། མིག་གོང་གི་འོག་ཏུ་རྨིན་མེད། ཡ་ཁ་ཆུང་ཟད་མཐུག་པ་ཡིན། རྣ་མགོ་ཆ་གཅིག་ཡིན། རྨིག་པའི་མཐིལ་ནི་ལེབ་མོ་དང་རྩེ་ཁ་ཅན་ཞིག་ཡིན། མགོ་དང་རྐང་ལག་གི་སྨད་དང་ཇ་མ་ཕུད། སྤུ་མཐུག་ལ་སྤུ་དབྱིབས་དྲང་མོ་ཡིན། གཙོད་ཀྱི་སྤུ་མདོག་ནི་དབྱར་དུས་སྨུག་ལ་དགུན་དུས་སྤུ་ཁ་སྐྱ་བོར་འགྲོ་བ་དང་། ཕོ་ལ་ལར་སྤུ་མདོག་དཀར་པོར་འགྱུར་གྱིན་ཡོད། མགོ་དང་སྣེ་རྒྱབ། ལུས་པོ་བཅས་ཀྱི་སྟེང་དུ་མདོག་སྨུག་སྐྱ་དང་། གདོང་གི་མདོག་སྨུག་སྐྱ། ཐོད་པའི་མདོག་ནི་སྨུག་སྐྱ། སྣེ་དང་ཐང་། ལྟོ་བ། རྐང་ལག་གི་ནང་ངོས་བཅས་དཀར་པོ་ཡིན་པ་དང་། རྐང་ལག་གི་མདུན་ཕྱོགས་སུ་གཞུང་རིས་ནག་པོ་ཡོད། ཇ་མའི་རྒྱབ་ཀྱི་སྤུ་

མདོག་ནི་ལུས་ཀྱི་རྒྱབ་དང་ཇ་མའི་ཟུར། ཇ་མའི་རྩེ་སོགས་དང་འདྲ་བར་དཀར་པོ་ཡིན་པ་དང་། ཇ་མ་ཐུང་ལ་ཇ་ཡི་སྣེ་མོ་ནི་རྩེ་རུ་གྱུར་ཡོད་ལ། ཇ་འོག་སྤུ་མེད་གཅེར་བུ་ཡིན། ཕོ་ཡི་མགོ་ལ་དྲང་པོའི་རྭ་རིང་ཆ་ཞིག་ཡོད་ཅིང་། རྭ་རྩེ་ནང་དུ་གུག་ཡོད་པ་དང་། རྭ་སྙེང་ན་ཨ་ལོང་ཡོད་པ་དང་། རྭ་རྩེ་ཡི་ཉེ་འགྲམ་འཇམ་སློམས་ཡིན། མོ་ལ་རྭ་མེད།

སྐྱེ་ཁམས་གོམས་གཤིས། གཙོད་ནི་མདོ་དབུས་ས་མཐོར་དམིགས་བསལ་དུ་ཡོད་པའི་སྲོག་ཆགས་ཤིག་ཡིན་པ་དང་། ས་བབ་མཐོ་ཚད་སྨི4100—5300བར་གྱི་བྱེ་ཐང་གི་ན་ཁ་དང་རྩྭ་ཐང་སོགས་སུ་འཚོ་སྡོད་བྱེད་ཀྱིན་ཡོད། མང་ཆེ་བར་ཁྱུ་དང་ཁྱུ་ཐྱས་ཏེ་འགྲུལ་སྐྱོད་བྱེད་བཞིན་ཡོད། སྟོན་དུས་ནས་དགུན་དུས་དང་དཔྱིད་དུས་བར་གཙོད་ཁྱུ་གཅིག་ལ་གཙོད་ཁ་ཤས་ནས་བརྒྱ་ཕྲག་ཁ་ཤས་ཡོད། སྤྱིར་བཏང་དུ་ངེས་གཏན་གྱི་འཚོ་གནས་མེད་པར། དུས་ཚིགས་དང་ཟས་རིགས་ཀྱི་འགྱུར་ལྡོག་དང་བསྟུན་ནས་ཁྱབ་ཁོངས་ཆུང་ཆེན་པོའི་ནང་དུ་འཁྱམ་བཞིན་ཡོད། གཙོ་བོར་ཞོགས་པ་དང་དགོང་མོ་ལ་ཟན་འཚོལ་བ་དང་། གཟན་དཀོན་པའི་དགུན་དཔྱིད་གཉིས་སུ་ཉིན་ཆས་ཟ་བའི་དུས་ཚོད་རིང་བ་དང་། གཙོ་བོར་སྔོ་མ་ཅན་གྱི་སྐྱེ་དངོས་དང་འཇག་རྩྭའི་ཚན་ཁག དེ་བཞིན་ཕུར་ནག་ལྷང་གུའི་རིགས་ཀྱི་རྩྭ་རིགས་བཟའ་བཞིན་ཡོད། རྒྱུད་ཐེལ་དུས་སུ་གཙོད་ཕོ་ཡིས་གཙོད་མོ་རྩོད་པའི་སྣང་ཚུལ་ཡོད། མངལ་སྦྲུམ་རྗེས་མོའི་རིགས་ཀྱིས་མི་མངོན་པའི་ཁོར་ཡུག་ཏུ་འཚོ་བ་སྐྱེལ་དགོས། མངལ་སྦྲུམ་ནས་ཟླ6ཡི་རྗེས་སུ་ཕྲུ་གུ1བཙའ་བཞིན་ཡོད།

ས་ཁམས་ཁྱབ་ཚུལ། ཀྲུང་གོར་དམིགས་བསལ་གྱི་རིགས་ཡོད། ཞིན་ཅང་དང་བོད་ལྗོངས། མཚོ་སྔོན་བཅས་སུ་ཁྱབ་ཡོད།

སྲུང་སྐྱོབ་རིམ་པ། རྒྱལ་ཁབ་ཀྱི་རིམ་པ I གཙོ་གནད་སྲུང་སྐྱོབ་བྱ་བའི་རི་སྐྱེས་སྲོག་ཆགས་དང་། ཀྲུང་གོའི་སྐྱེ་དངོས་སྣ་མང་རང་བཞིན་གྱི་མིང་ཐོ་དམར་པོ་ལས་ཉེན་ཁའི་རིགས་ཡིན། （NT）

14. 藏原羚 *Procapra picticaudata*
英文名：Tibetan Gazelle

形态特征：体型较小，体长不超过 1 米，最大体重不超过 20 千克。体型矫健，四肢纤细，行动轻捷，吻部短宽，前额高突，眼大而圆，毛形直而稍粗硬，特别是臀部和后腿两侧的被毛，硬直而富弹性，四肢下部被毛短而致密，紧贴皮肤，吻端亦被毛。雄性有一对后弯的细角，雌性无角。头额、四肢下部毛色较淡，呈乳灰白色；吻部、颈、体背、体侧和腿外侧灰褐色；胸、腹部、腿之内侧乳白色；臀部纯白色，尾黑色。当藏原羚被捕食者追赶时，它们屁股上的白毛会“炸开”成桃心形，随着跳跃上下闪动，干扰捕食者的视线，是一种十分巧妙的逃生策略。

生态习性：藏原羚为典型的高原动物，活动上限可达海拔 5100 米。

无固定栖息地，在平缓的山坡、平地以及起伏的丘陵等生境均可见到其分布。一般集小群生活，数只或数十只群较为常见。冬季会结成数十只甚至数百只的大群一起游荡。雌雄、成幼终年一起生活。性机警，行动敏捷，视听觉灵敏。主要在晨昏取食，以各种草类为食。每年繁殖一次。雌性的怀孕期为 6 个月，大约在 7—8 月生产，每胎产 1 仔，偶尔为 2 仔。产下不久的藏原羚幼体即能跟随母体活动，数天后就能奔跑，雌性藏原羚在产仔期间无选择特殊环境的习性。

地理分布：国内分布于甘肃、新疆、西藏、青海和四川。

保护级别：国家Ⅱ级重点保护野生动物；中国生物多样性红色名录－近危（NT）。

14. བོད་ཐང་གཙོད། *Procapra picticaudata*
དབྱིན་ཡིག་གི་མིང་། Tibetan Gazlle

གཟུགས་དབྱིབས་ཁྱད་ཆོས། བོད་གཙོད་ཀྱི་ལུས་པོ་ཅུང་ཆུང་བ་དང་། གཟུགས་ཀྱི་རིང་ཚད་ལ་སྨི1ལས་མི་བརྒལ་བ། ལྗིད་ཚད་ཆེ་ཤོས་ལ་སྤྱི་ཀྲ20ལས་མི་བརྒལ་བ། གཟུགས་གཞི་བདེ་ཐང་ཡིན་ཞིང་། རྐང་ལག་ཕྲ། འགུལ་སྐྱོད་མྱུར་མོ་ཡིན། མཆུ་ཏོ་ཐུང་བ་དང་ཐོད་པ་མཐོ་ཞིང་འབུར་ལ། མིག་ཟླུང་ཆེ་ཞིང་སྒོར་དབྱིབས་ཡིན། སྙུ་དབྱིབས་དྲང་ཞིང་ཅུང་ཐ་མོ་ཡིན་པ་དང་། ལྷག་པར་དུ་འཕོངས་དང་སྨད་ཊུས་ཀྱི་འགྲམ་གཉིས་ཀྱི་སྤུ་ཐ་མོ་ཡིན་ལ། ཐ་ཞིང་དྲང་ལ་ལྷེམ་ཤུགས་ལྡན། སུག་བཞི་ཡི་འོག་གི་སྤུ་ཐུང་ཞིང་ཚགས་དམ་ལ་པགས་པ་དང་འབྲེར་ཡོད་པས་མཆུ་སྣེ་ལའང་སྤུ་ཡོད། ཕོ་ཡི་མགོ་ན་རྒྱབ་ལ་ཕྱོགས་པའི་ར་ཕྲ་མོ་རྩེ་ཅན་ཆ་གཅིག་ཡོད། མོའི་རིགས་ལ་ར་མེད། མགོ་དང་སུག་བཞིའི་སྨད་ཀྱི་སྤུ་མདོག་ཅུང་སྐྱབ་ལ་དཀར་སྐྱ་ཡིན། མཆུ་སྣེ་ཁག་དང་སྐེ། ལུས་པོའི་རྒྱབ། ལུས་པོའི་གཞོགས་གཉིས་དང་སུག་པའི་ཕྱི་ངོས་ནི་སྨུག་སྐྱ་ཡིན། བྲང་དང་ཕོ་

བ། སྨུག་པའི་ནང་ངོས་ཀྱི་མདོག་ནི་དཀར་པོ་དང་། འཕོངས་ཀྱི་མདོག་དཀར་ཞིང་ཇ་མ་ནག་པོ་ཡིན། བོད་གཅོད་རྗོན་མཁན་གྱིས་འདེད་སྐབས་ཁོང་ཚོའི་རྐུབ་ཀྱི་སྤུ་དཀར་དེ་ཁམ་སྙིང་གི་དབྱིབས་སུ་སྒྱུར་ནས་འཕག་མཚོང་བྱེད་པ་དང་ཆབས་ཅིག་རྗོན་མཁན་གྱི་མིག་ལམ་ལ་འགོག་རྐྱེན་བཟོ་བཞིན་ཡོད་པས་འབྲོ་ཐབས་ལ་ཤིན་ཏུ་མཁས།

སྐྱེ་ཁམས་གོམས་གཤིས། གཅོད་འདི་ནི་དཔེ་མཚོན་གྱི་ས་མཐོའི་སྲོག་ཆགས་ཤིག་ཡིན་པ་དང་། འགྱུལ་སྐྱོད་བྱེད་ཡུལ་མང་ཤོས་ཀྱི་ས་བབ་མཐོ་ཚད་སྨི5100ཟིན་གྱིན་ཡོད། གཏན་འཇགས་ཀྱི་འཚོ་སྡོད་ཁུལ་མེད་ནའང་ཁོད་སྙོམ་གྱི་རི་ལྡེབས་དང་བདེ་ཐང་། དེ་མིན་ལྷིང་འཇགས་ཀྱི་རི་མ་ཐང་སོགས་སུ་འཚོ་སྡོད་བྱེད་ཅིང་དེ་དག་ནས་མཐོང་ཐུབ་པ་ཡིན། སྤྱིར་བཏང་དུ་ཁྱུ་ཚོགས་བྱས་ནས་འཚོ་ཞིང་ཉུང་དུས་འགའ་ཤས་དང་མང་དུས་བཅུ་ཕྲག་ལྷག་འགྲོགས་ནས་འཚོ་བཞིན་པ་རྩུང་རྒྱུན་མཐོང་ཡིན། དགུན་དུས་གཅོད་ཁྱུ་བཅུ་གྲངས་སམ་བརྒྱ་ཕྲག་ཁ་ཤས་ཁྱུ་ཚོགས་ཆེན་པོ་ཞིག་བསྒྲིགས་ནས་མཉམ་དུ་འཁྱམས་པའང་མཐོང་རྒྱུ་འདུག ཕོ་མོ་དང་ལོ་ཆེ་ཆུང་ཚང་མ་ལོ་རྫིལ་བོར་མཉམ་དུ་འཚོ་བ་རོལ་བཞིན་ཡོད། རྫུ་བསང་དོད་ལ་འགྲོ་འདུག་སྐྱུར་བས་གཙོ་བོ་ཞོགས་པའི་སྐྱ་རེངས་ཤར་མ་ཐག་ཟས་འཚོལ་བ་དང་། རྩྭ་སྔོ་ཚོགས་ཟས་སུ་བཟའ། ལོ་རེར་གཅོད་ཕྲུག་ཐེངས་རེ་བཙའ་བ་དང་། གཅོད་མོ་ལ་མངལ་ཆགས་པའི་དུས་ཚོད་ཟླ6ཡིན་པ་དང་། ཟླ7—8པའི་བར་བཙའ་བཞིན་ཡོད། གཅོད་མ་རེར་གཅོད་ཕྲུག1རེ་བཙའ་བ་དང་མཚམས་རེར་གཅོད་ཕྲུག2རེ་བཙའ་བཞིན་ཡོད། གཅོད་ཕྲུག་བཙས་ནས་ཡུན་རིང་མ་སོང་བར་གཅོད་མའི་རྗེས་སུ་འབྲངས་ནས་འགྲོ་ཐུབ་པ་དང་། གཅོད་མ་ལ་གཅོད་ཕྲུག་བཙའ་སྐབས་ཁོར་ཡུག་ཐུན་མོང་མ་ཡིན་པ་འདེམ་པའི་གོམས་གཤིས་མེད།

ས་ཁམས་ཁྱབ་ཚུལ། མདོ་དབུས་མཐོ་སྒང་དུ་ཡོད་པའི་དམིགས་བསལ་གྱི་རིགས་ཡིན། ཀན་སུའུ་དང་ཞིན་ཅང་། བོད་ལྗོངས། མཚོ་སྔོན། སི་ཁྲོན་བཅས་སུ་ཁྱབ་ཡོད།

སྲུང་སྐྱོབ་རིམ་པ། རྒྱལ་ཁབ་ཀྱི་རིམ་པ II གཙོ་གནད་སྲུང་སྐྱོབ་བྱ་བའི་རི་སྐྱེས་སྲོག་ཆགས། ཀྲུང་གོའི་སྐྱེ་དངོས་སྣ་མང་རང་བཞིན་གྱི་མིང་ཐོ་དམར་པོ་ལས་འཛིག་ཉེན་ཆེ་བའི་རིགས་ཡིན། (NT)

15. 鹅喉羚 *Gazella subgutturosa*
英文名：Goitered Gazelle

形态特征：颈细而长，雄性个体颈下有甲状腺肿，在繁殖期喉部肥大，状如鹅喉，故而得名，直至繁殖后才会消散。上体毛色沙黄或棕黄，吻鼻部由上唇到眼角白色，有的个体略染棕黄色调，额部、眼间至角基及枕部均为棕灰色，其间杂以少许黑毛，耳外面沙黄色，下唇及喉中线为白色，与胸部、腹部及四肢内侧的白色区域相连。

生态习性：鹅喉羚是典型的荒漠、半荒漠动物，栖息在海拔 300—6000 米干燥荒凉的荒漠和半荒漠地区。常结成几只至几十只的小群活动，善于奔跑。不同季节间鹅喉羚的食性有明显变化，藜科、禾本科植物是其全年主要的食物来源，春季和夏季采食较多的驼绒藜，秋季和冬季采食较多的梭梭。由于干旱胁迫，春季、夏季和秋季鹅喉羚还会吸食含水量较高的葱根、粗枝猪毛菜等非禾本科草类。雌性妊娠期约半年，每胎产 1—2 仔。

地理分布：国内主要分布于内蒙古、新疆、青海和甘肃。

保护级别：国家Ⅱ级重点保护野生动物；中国生物多样性红色名录 - 易危（VU）。

15. ངང་རིགས་གཙོད། *Gazella subgutturosa*
དབྱིན་ཡིག་གི་མིང་། Goitered Gazelle

གཟུགས་དབྱིབས་ཁྱད་ཆོས། གཙོད་འདིའི་རིགས་སྐེ་ཕྲ་ཞིང་རིང་ལ། ཕོ་ཡི་མཇིང་པའི་འོག་ཏུ་ཨོལ་སྐྲན་སྐྲངས་ཡོད་པ་དང་། སྐྱེ་འཕེལ་སྐབས་ཀྱི་གྲེ་བའི་ཁག་ནི་རྒྱགས་ཤིང་ཆེ་བ་དང་། དབྱིབས་ནི་ངང་པ་དང་འདྲ་བས། མིང་དེ་ལྟར་ཐོགས་པ་དང་། སྐྱེ་འཕེལ་རྗེས་སུ་ད་གཟོད་ཡལ་འགྲོ་བ་རེད། ཁོག་སྟོད་ཀྱི་སྤུ་མདོག་སེར་པོའམ་ཡང་ན་ཁམ་སེར་ཡིན་པ་དང་། མཆུ་སྣེ་ལས་ཡ་མཆུ་དང་མིག་མཐའ་དཀར་པོ་ཡིན། བྱེ་བྲག་ཏུ་ལ་ལའི་ཁ་དོག་སྨུག་པོ་ཡིན་པ་དང་། དཔྲལ་དང་མིག་གི་བར། ར་རྨང་། སྣེ་ཚོགས་ཁག་ཚང་མ་ཁ་དོག་སྨུག་སྐྱ་ཡིན་ལ། དེའི་ནང་དུ་སྤུ་ནག་པོའང་ཙུང་ཟད་འདྲེས་ཡོད། མ་མཆུ་དང་མེད་པའི་དཀྱིལ་ཐིག་ནི་དཀར་པོ་ཡིན་པ་དང་། བྲང་ཁ་དང་ཕོ་བ། རྐང་ལག་གི་ནང་གཞོགས་བཅས་ཀྱི་ཁ་དོག་དཀར་པོ་དང་འདྲེས་ཡོད།

སྐྱེ་ཁམས་གོམས་གཤིས། གཙོད་རིགས་འདི་ནི་བྱེ་ཐང་དང་བྱེ་ཐང་ཕྱེད་ཙམ་གྱི་སྲོག་ཆགས་ཤིག་ཡིན་

པ་དང་། མཚོ་ངོས་ལས་མཐོ་ཚད་སྨི300—6000བར་གྱི་སྐམ་ཤས་ཆེ་བའི་ཐང་རྒོད་དང་ཐང་རྒོད་འདྲེས་མའི་ས་ཁུལ་དུ་འཚོ་སྡོད་བྱེད་ཀྱིན་ཡོད། རྒྱུན་དུ་ཁ་ཤས་སམ་བཅུ་ཕྲག་ཁ་ཤས་ཀྱི་ཁྱུ་ཆུང་ཆུང་ཞིག་བསྒྲིགས་ནས་འགྲོ་བཞིན་ཡོད་ལ། མཚོང་རྒྱུག་ལ་ཤིན་ཏུ་མཁས། དུས་ཚིགས་མི་འདྲ་བའི་ནང་དུ་ཟན་རིགས་ལ་འགྱུར་ལྡོག་མངོན་གསལ་བྱུང་ཡོད་པ་སྟེ། ལོ་ཚན་དང་སྐྱེ་མ་ཅན་གྱི་རྩྭ་ཤིང་ནི་ལོ་རྒྱལ་པོའི་ཟས་རིགས་ཀྱི་འབྱུང་ཁུངས་གཙོ་བོ་ཡིན་ལ། དཔྱིད་ཀ་དང་དབྱར་དུས་ཀྱི་དང་རིགས་གསོད་གྲངས་འཕོར་ཙུང་མང་བས་ལྟོ་ཆས་ཐོ་རོང་ལི་དང་། སྟོན་དུས་དང་དགུན་དུས་སུ་ལྟོ་ཆས་ཙུང་མང་བའི་སོ་སོ་བཟའ་བཞིན་ཡོད། ཐན་པ་ཆེན་པོའི་དབང་གིས་དཔྱིད་ཀ་དང་དབྱར་ཁ། སྟོན་དུས་དང་རིགས་གསོས་ད་དུང་ཆུ་འདུས་ཚད་ཙུང་མཐོ་བའི་ཙོང་གི་རྩ་བ་དང་རྩྭ་ཁྱུང་ཇ་སོགས་སྐྱེ་མ་ཅན་མིན་པའི་རྩྭའི་རིགས་ཀྱང་ཟ་བཞིན་ཡོད། གསོད་མོ་ལ་མངལ་ཆགས་པའི་དུས་ཚོད་ལོ་ཕྱེད་ཙམ་ཡིན་པ་དང་། གསོད་མ་རེར་གསོད་ཕྲུག1—2བཙའ་བཞིན་ཡོད།

ས་ཁམས་ཁྱབ་ཚུལ། རྒྱལ་ནང་དུ་གཙོ་བོ་ནང་སོག་དང་། ཞིན་ཅང་། མཚོ་སྔོན། ཀན་སུའུ་བཅས་སུ་ཁྱབ་ཡོད།

སྲུང་སྐྱོབ་རིམ་པ། རྒྱལ་ཁབ་ཀྱི་རིམ་པ II གཙོ་གནད་སྲུང་སྐྱོབ་བྱ་བའི་རི་སྐྱེས་སྲོག་ཆགས། ཀྲུང་གོའི་སྐྱེ་དངོས་སྣ་མང་རང་བཞིན་གྱི་མིང་ཐོ་དམར་པོ་ལས་འཇིག་ཉེན་ཆེ་བའི་རིགས་ཡིན། (VU)

16. 普氏原羚 *Procapra przewalskii*
英文名：Przewalski's Gazelle

形态特征：典型的原羚，体型比藏原羚大。角的末端相对，向后方朝内弯曲。毛色随季节变换而变化，夏季为棕红色，冬季为褐黄色。嘴唇黑色，颌下、腹部、喉部、臀部、四蹄白色，奔跑起来时，臀部白色特征极为鲜明，极易辨识，一旦受到惊吓，臀部的白毛会竖起外翻，在绿色和黄色草地的反衬下格外醒目，以警示同伴有危险临近。尾巴短而光亮。

生态习性：普氏原羚有季节性水平迁移现象，集群活动，群体大小从数只到五六十只不等。视觉和听觉非常发达，但嗅觉较差，生性机警，行动迅敏，能够在大范围内活动觅食。普氏原羚受惊后虽会逃至远处，但是待危险过后又会回到原地，具有相对固定的活动区域。主要以禾本科、莎草科及其他沙生植物的嫩枝、茎叶为食，冬季主食干草茎和枯叶，少量多餐，每天有多个较短的采食周期，忍耐干旱的能力较强。每年12月至翌年1月，雌性群和雄性群合群形成较大的繁殖群体。雄性有争偶现象，但争斗并不激烈。雌羚7月产羔，每胎产1仔，偶有2仔，幼仔出生后几分钟即能站立，幼羚跟随母羚一起活动，直至成年。

地理分布：中国特有种。国内仅分布于青海。

保护级别：国家Ⅰ级重点保护野生动物；中国生物多样性红色名录－濒危（EN）。

16. ཟླ་རྟེ་དགོ་བ། *Procapra przewalskii*
དབྱིན་ཡིག་གི་མིང་། Przewalski's Gazelle

གཟུགས་དབྱིབས་ཁྱད་ཆོས། གསོད་འདིའི་དཔེ་མཚོན་གྱི་ཐང་གསོད་ཀྱི་རིགས་ཤིག་ཡིན་ཞིང་། དེའི་གཟུགས་དབྱིབས་ནི་བོད་གསོད་ལས་ཆེ་བ་དང་། ར་ཅོ་ཡི་སྟེ་གཉིས་ལྷོས་བཅས་སུ་ལངས་ཡོད་ལ། ཕྱི་ཡི་རྒྱབ་ཕྱོགས་ནས་ནང་དུ་གུག་ཡོད། སྤུ་མདོག་ནི་དུས་ཚིགས་ཀྱི་འགྱུར་བ་དང་བསྟུན་ནས་འགྱུར་བ་ཡིན། དབྱར་དུས་ནི་དམར་པོ་དང་དགུན་དུས་ནི་མདོག་སྨུག་པོར་འགྱུར། མཇུ་ཡི་མདོག་ནག་པོ་ཡིན་ཞིང་། མགལ་འོག་དང་ཕོ་བ། མིད་པ། འཕོངས་ཆོས། སུག་བཞི་སོགས་དཀར་པོ་ཡིན་པ་དང་། རྒྱུགས་པའི་དུས་སུ་འཕོངས་ཆོས་ཀྱི་མདོག་དཀར་པོ་ཡིན་པས། གསོད་རིགས་གཞན་དང་དབྱེ་འབྱེད་བྱེད་སླ། འཇིགས་ནས་སྐྲག་བསྐྲང་བ་ཡིན་ན་འཕོངས་ཆོས་ཀྱི་སྤུ་དཀར་པོ་གྱེན་དུ་སློང་བར་བྱེད་ཅིང་། དེ་ནི་ལྗང་མདོག་དང་སེར་མདོག་གི་རྩྭ་ཐང་སྟེང་ན་ཧ་ཅང་མངོན་གསལ་ཡིན་པས། རོགས་པ་རྣམས་ལ་ཉེན་བརྡ་བཏང་བ་

ཡིན། མཇུག་མ་ཐུང་ཞིང་དཀར་ལམ་ལམ་དུ་མདོན།

སྐྱེ་ཁམས་གོམས་གཤིས། ཕུ་རྡེ་དགོ་བ་འདིའི་རིགས་ལ་དུས་ཚིགས་རང་བཞིན་གྱི་ཡར་མར་གནས་སྤོ་བྱེད་པའི་སྣང་ཚུལ་དང་། ཁྱུ་ཚོགས་སུ་འདུས་ནས་འཚོ་བ། ཁྱུ་ཚོགས་ཀྱི་ཆེ་ཆུང་ནི་གྲངས་འབོར་བཅུ་གྲངས་ནས་ལྔ་བཅུ་དྲུག་ཙུ་བར་མི་འདྲ་བ་ཡོད་པ་རེད། མིག་ཤེས་དང་རྣ་ཤེས་ཧ་ཅང་རྣོ་མོད། འོན་ཀྱང་སྣ་ཤེས་ཞན། དྲན་ཤེས་གསལ་ཞིང་ལུས་པོའང་ཡང་ཐོར་ཆེ་བས། ཁྱབ་ཁོངས་ཆེན་པོའི་ནང་དུ་གཟན་འཚོལ་ཐུབ་ཀྱིན་ཡོད། ཉེན་ཁ་སོགས་ལ་ཐུག་ན་སྐྲག་ནས་ཐག་རིང་དུ་བྲོས་འགྲོ་བ་རེད། འོན་ཀྱང་ཉེན་ཁ་ལས་གྲོལ་རྗེས་སླར་ཡང་དེ་སྔའི་ས་ཆར་ལོག་ཡོང་བས་གཏན་འཁེལ་གྱི་འཚོ་སྡོད་བྱེད་ཡུལ་ཡོད། གཙོ་བོར་སྙེ་མ་ཅན་གྱི་ལོ་ཏོག་དང་། ཧ་རྩྭ་ཚན་དང་བྱེ་སྐྱེས་རྩི་ཤིང་། གཞན་པའི་ལོ་མ་གསར་བ་དང་། སྡོང་པོ་ཟ་བར་བྱེད། དགུན་དུས་གཙོ་ཟན་ནི་རྩྭ་སྐམ་གྱི་སྡོང་པོ་དང་ལོ་མ་ཡིན། ལོ་རེའི་ཟླ12པ་ནས་ཕྱི་ལོའི་ཟླ1པའི་བར་དུ་ཕོ་ཁྱུ་དང་མོ་ཁྱུ་འདྲེས་ནས་སྐྱེ་འཕེལ་གྱི་ཚོགས་སྤྱི་ཙུང་ཆེ་བ་ཞིག་གྲུབ་ཡོད། ཕོ་ཕན་ཚུན་རྩོད་རེས་བྱེད་པའི་སྣང་ཚུལ་ཡོད་མོད། འོན་ཀྱང་རྩུང་ཐུག་དྲག་པོ་བྱེད་ཀྱིན་མེད། གཙོད་མ་ལ་ཟླ7པར་གཙོད་ཕྲུག་བཙས་པ་དང་གཙོད་མ་རེར་གཙོད་ཕྲུག1བཙའ་བཞིན་ཡོད། མཚམས་རེར་གཙོད་ཕྲུག2བཙས་པ་རེད། གཙོད་ཕྲུག་བཙས་ནས་སྐར་མ་ཁ་ཤས་སོང་རྗེས་ཡར་ལངས་ཐུབ་ཀྱིན་ཡོད། གཙོད་ཕྲུག་གིས་གཙོད་མོ་དང་མཉམ་དུ་ན་སོ་དར་ལ་མ་བབས་བར་དུ་འཚོ་བ་སྐྱེལ་གྱིན་ཡོད།

ས་ཁམས་ཁྱབ་ཚུལ། ཀྲུང་གོར་ཡོད་པའི་དམིགས་བསལ་གྱི་རིགས་ཡིན། རྒྱལ་ནང་དུ་མཚོ་སྔོན་ཁོ་ནར་ཁྱབ་ཡོད།

སྲུང་སྐྱོབ་རིམ་པ། རྒྱལ་ཁབ་ཀྱི་རིམ་པ I གཙོ་གནད་སྲུང་སྐྱོབ་བྱ་བའི་རི་སྐྱེས་སྲོག་ཆགས་དང་། ཀྲུང་གོའི་སྐྱེ་དངོས་སྣ་མང་རང་བཞིན་གྱི་མིང་ཐོ་དམར་པོ་ལས་འཛིག་ཉེན་ཆེ་བའི་རིགས་ཡིན།（EN）

17. 喜马拉雅斑羚 *Naemorhedus goral*
英文名：Himalayan Goral

形态特征：眼睛大，向左右突出，没有眶下腺，耳朵较长。雌雄均具黑色短直的角，角的基部靠得很近，相距仅有 1—2 厘米，自额骨长出后向后上方倾斜，角尖向后下方略微弯曲，角尖尖锐、光滑，其余部分具有 10 多个横棱，数目与年龄相关。头部较狭而短，面部较宽，吻鼻部裸露区域较大，向后延伸到鼻孔以后。没有鬣毛，但从头部沿脊背有一条黑褐色背纹，喉部有白色或黄色的浅喉斑。四肢短而匀称，蹄狭窄而强健，有蹄腺。体毛厚密、松软且蓬松，通常呈灰褐色，但针毛的毛尖为黑褐色，远观时似有若隐若现的麻点。尾巴短，鼠蹊部污白或棕白色。

生态习性：喜马拉雅斑羚为典型的林栖种类，生活于林区或近林地段。

活动高度一般不超过林线上限。特别善于攀岩，清晨和傍晚最为活跃。性喜群居，雌性和幼羚多集小群活动，成年雄性喜欢单独活动。依靠视觉和听觉来感知周围环境。进行季节性垂直迁移，在较冷的月份，它们会移到低海拔生活，在较温暖的月份则返回高海拔区域。食性具有季节性变化：早春到 5 月以林间的苔草等为主，夏季以羊草、蒿等草本植物及胡枝子等灌木的树叶、嫩枝芽为食，冬季以干草、树木的嫩枝及苔藓地衣等为食。喜马拉雅斑羚种群内实行一夫多妻制。幼羚在春天和初夏出生，通常 1 胎产 1 仔，偶有 2 仔，妊娠期大约为 6—8 个月。幼羚在出生后 4—5 个月断奶。

地理分布：国内主要分布于西藏。

保护级别：国家Ⅰ级重点保护野生动物；中国生物多样性红色名录 - 濒危（EN）。

17. རི་མ་ལ་ཡའི་གཙོད་རིགས། *Naemorhedus goral*
དབྱིན་ཡིག་གི་མིང་། Himalayan Goral

གཟུགས་དབྱིབས་ཁྱད་ཆོས། གཙོད་འདིའི་རིགས་ནི་མིག་ཆེ་ཞིང་གཡས་གཡོན་དུ་འབུར་བ་དང་། མིག་གོང་འོག་ཏུ་གཤེར་རྨེན་མེད། རྣ་ཅུང་རིང་ལ། ཕོ་མོ་གཉིས་ཀར་ཁ་དོག་ནག་པོ་ཅན་གྱི་རྭ་ཐུང་བ་རེ་ཡོད་པ་དང་། རྭ་གཞི་ནི་ཧ་ཅང་ཉེ་བས་བར་ཐག་ལི་སྨི1—2ཙམ་ལས་མེད། དེ་ནི་རང་གི་ཐོད་པའི་ཕྱི་ནས་རྒྱབ་ཕྱོགས་སུ་གསེག་པ་དང་། རྭ་རྩེ་རྣོ་ངར་ཆེ་ཞིང་འཛམ་ཤ་དོད་པོ་ཡིན་ལ་གཞན་པའི་ཆ་ཤས་ལ་འཁྱིད་གྲུ10ལྷག་ཡོད། གྲངས་ཀ་དེ་ནི་ལོ་ཚོད་ལ་འབྲེལ་བ་ཡོད། མགོ་ཅུང་དོག་ཅིང་ཐུང་ལ་གདོང་གི་རྒྱ་ཁྱོན་ཡང་ཅུང་ཆེ། མཆུ་ཅན་གྱི་སྣ་ནི་ཕྱིར་མངོན་པའི་ས་ཁོངས་ཅུང་ཆེ་བ་དང་། རྒྱབ་ཕྱོགས་སུ་སྣ་ཁུང་བར་དུ་བསྒྲིངས་ཡོད། རྫོག་ཤད་མེད་མོད། མགོ་བོ་དང་རྒྱབ་ཏུ་ཁ་དོག་སྨུག་པོའི་རྒྱབ་ངོས་ཀྱི་རི་མོ་ཞིག་ཡོད་ལ། གྲེ་བའི་ངོས་སུ་ཁ་དོག་དཀར་པོའམ་སེར་པོ་ཡིན་པའི་གྲེ་བའི་ཁྲ་ཐིག་ཅིག་ཡོད། སུག་བཞི་ཐུང་ཞིང་

སྨོམས་པ་དང་རྨིག་དོག་ལ་སྲུག་རྨེན་ཡོད། ལུས་ཀྱི་སྤུ་ནི་མཐུག་ཅིང་ཟིང་ལ། ཕྱིར་བཏང་དུ་མདོག་སྨུག་པོ་ཡིན་མོད། འོན་ཀྱང་ཁབ་སྤུ་ཡི་རྩེ་ནི་ཁ་དོག་སྨུག་པོར་འགྱུར་ཞིང་། རྒྱང་རིང་ལ་བལྟས་ཚེ་རབ་རིབ་ཏུ་སྣང་། མཇུག་མ་ཐུང་ཞིང་འདོམས་ཀྱི་སྤེ་ནི་དཀར་པོའམ་ཐ་མདོག་དཀར་པོ་ཡིན།

སྐྱེ་ཁམས་གོམས་གཤིས། རི་མ་ལ་ཡའི་གཙོད་ནི་ནགས་ཁྲོད་དུ་འཚོ་བའི་དཔེ་མཚོན་གྱི་གཙོད་རིགས་ཡིན་པ་དང་། ནགས་ཁུལ་ལམ་ཡང་ན་ནགས་ཚལ་དང་ཉེ་བའི་ཁུལ་དུ་འཚོ་སྡོད་བྱེད་ཀྱིན་ཡོད། འགྲུལ་སྐྱོད་ཀྱི་མཐོ་ཚད་ཕྱིར་བཏང་དུ་ནགས་ཚལ་གྱི་ཚད་ཐིག་ལས་བརྒལ་མི་ཆོག ཐག་ལ་འཛེག་པར་ཤིན་ཏུ་མཁས། ཞོགས་པ་དང་ས་སྲོད་ལ་འབྲུག་ཆ་དོད་ཤོས་ཡིན། མོ་དང་གཙོད་ཕྲུག་མང་པོ་ཚོགས་ནས་འགྲུལ་སྐྱོད་བྱེད་པ་དང་། ནར་སོན་པའི་ཕོ་རྣམས་ཁེར་རྐྱང་དུ་འགྲུལ་སྐྱོད་བྱེད་པར་དགའ། མིག་ཤེས་དང་རྣ་ཤེས་ལ་བརྟེན་ནས་ཁོར་ཡུག་ཚོར་ཐུབ། དུས་ཚིགས་ལྟར་ཐད་ཀར་གནས་སྤོས་བྱས་ཚེ་ཙུང་གྲང་བའི་ཟླ་བ་དེར་ཁོ་ཚོ་ས་བབ་དམའ་བའི་སར་འཚོ་བ་དང་དྲོ་སྐྱིད་ལྡན་པའི་ཟླ་བ་དེར་ས་བབ་མཐོ་བའི་ས་ཁོངས་སུ་ཕྱིར་ལོག་པ་རེད། ཟས་གཤིས་ལ་དུས་ཚིགས་རང་བཞིན་གྱི་འགྱུར་ལྡོག་ཡོད་དེ། དཔྱིད་མགོའི་དུས་ནས་ཟླ5པའི་བར་དུ་ནགས་ཚལ་ཁྲོད་ཀྱི་རྩྭ་དྲིག་སོགས་གཙོ་བོར་ཟ་བ་དང་། དབྱར་དུས་སུ་ལུག་རྩྭའི་རིགས་དང་མཁན་ཆུང་སོགས་སྡོང་ཐུང་གི་ལོ་མ་དང་། ཡལ་ག་མཉེན་པོའི་རིགས་ཟ་བ་དང་། དགུན་ཁར་རྩྭ་སྐམ་དང་། ཤིང་སྡོང་གི་ཡལ་ག་གསར་པ། རྩྭ་དྲིག་གི་སྙང་རྩེ་སོགས་ཟ། འཚོ་བ་སྐྱེལ་སྟངས་ནི་ཕྲོ་གཅིག་ཤུག་མང་གི་ལམ་ལུགས་ཡིན་པ་དང་གཙོད་ཕྲུག་དེ་དཔྱིད་ཀ་དང་དབྱར་འགོའི་དུས་སུ་བཙའ་བ་དང་རྒྱུན་དུ་མ་རེ་ལ་ཕྲུ་གུ1བཙའ་བཞིན་ཡོད། ཕྲུ་གུ2བཙའ་མཁན་ཡང་ཡོད། མངལ་དུས་ནི་ཟླ6—8བར་ཡིན། གཙོད་ཕྲུག་བཙས་རྗེས་ཀྱི་ཟླ4—5ཡི་ནང་འོ་མ་གསོད་དགོས།

ས་ཁམས་ཁྱབ་ཚུལ། རྒྱལ་ནང་དུ་གཙོ་བོར་བོད་ལྗོངས་སུ་ཁྱབ་ཡོད།

སྲུང་སྐྱོབ་རིམ་པ། རྒྱལ་ཁབ་ཀྱི་རིམ་པ I གཙོ་གནད་སྲུང་སྐྱོབ་བྱ་བའི་རི་སྐྱེས་སྲོག་ཆགས་དང་། ཀྱང་གོའི་སྐྱེ་དངོས་སྣ་མང་རང་བཞིན་གྱི་མིང་ཐོ་དམར་པོ་ལས་འཛིག་ཉེན་ཆེ་བའི་རིགས་ཡིན། (EN)

18. 岩羊 *Pseudois nayaur*

英文名：Bharal

形态特征：成年雄性肩高 80 厘米，体重 40 千克。头狭长，耳小，无眶下腺。角粗大，但并不很长。角基部之横切面为圆形或略呈三角形，雌性角较小，角表面甚为光滑，唯其近尖端部之内侧，有极微小的棱，但不形成环棱。吻部及脸部冬季毛色灰白，与黑色相混。上下唇、耳内侧、颌及脸侧均呈灰白色。雄性个体喉部及胸呈黑褐色，随着年龄的增长，胸部的黑褐色逐渐加深。黑褐色向下延伸至前肢前面，转为一条明显的黑纹，直达蹄部。腹部与四肢之内侧均呈白色。由腋下起，沿体侧至腰部，亦有黑纹，一直通到后肢的前面，止于蹄部。雌性个体脸部、喉部及腰部均无黑色可见。幼体的毛灰色成分较大，有的呈灰黄色。

生态习性：岩羊栖息于海拔3900—5000米的高山裸岩和山谷间草地。体色与岩石极难分辨，善攀登山岭，行动敏捷，可在岩石峭壁上跳跃。喜群居，很少独栖，常数十只为一群，大小羊在一起。食物以青草与灌木枝叶为主。5—6月间产仔，通常每胎产1仔，偶尔产2仔。多数新生幼体在出生后30分钟即可站立，随母羊活动，10天后即可自由奔走。哺乳期3个月，幼体6个月后开始长角。

岩羊有着不逊色于雪豹的攀岩能力。岩羊是一种蹄行动物，用趾甲走路，也就是蹄子最前面尖锐的部分。这种行走方式的好处是脚与地面的接触面积较小，使得它们的蹄子在悬崖峭壁上有了容身之处。而且岩羊的两个脚趾可以分开，从而将其与地面的接触面积最大化。蹄子的前端非常细小，可以插进岩石上的缝隙，进一步固定自己的身体。岩羊比同体型其他羊类的腿骨更加粗壮，整条腿上充满肌肉和韧带，这进一步提升了其腿部的力量。

地理分布：国内主要分布于新疆、西藏、宁夏、甘肃、青海、内蒙古、陕西、四川和云南。

保护级别：国家Ⅱ级重点保护野生动物；中国生物多样性红色名录－无危（LC）。

18. གནའ་བ། *Pseudois nayaur*
དབྱིན་ཡིག་གི་མིང་། Bharal

གཟུགས་དབྱིབས་ཁྱད་ཆོས། གནའ་ཕོ་དར་མ་ཞིག་གི་ཕྲག་མགོའི་མཐོ་ཚད་ལི་སྨི80དང་ཟླིད་ཚད་སྤྱི་རྒྱ40ཡོད། མགོ་དོག་ཅིང་རིང་བ་དང་། རྣ་ཆུང་བ། མིག་གོང་འོག་ཏུ་གཞེར་རྨེན་མེད། རྭ་ཟུང་སྦོམ་པོ་ཡིན་མོད། འོན་ཀྱང་རིང་པོ་མིན། རྭ་རྩང་གི་འཕྲེད་བཅད་ངོས་ནི་སྒོར་དབྱིབས་སམ་ཅུང་ཙམ་ཟུར་གསུམ་ཡིན་པ་དང་། མོ་ཡི་རྭ་ཅོ་ཅུང་ཆུང་ལ། རྭ་ཅོ་ཡི་ཕྱི་ངོས་ཏ་ཅང་འཇམ་འདྲེད་ཡིན་ལ། རྭ་ཅོ་གཉིས་ནང་དུ་དཀྱིགས་ཡོད། རྭ་སྟེང་ན་གདུབ་ཆུང་ཡོད་མོད། འོན་ཀྱང་གདུབ་གྲུ་གྲུབ་མེད། མཆུ་ཏོ་ནས་ངོ་གདོང་གི་བར་ནི་དཀྱུན་ཁར་མདོག་སྐྱ་ཞིང་ནག་པོ་དང་འདྲེས་ཡོད། ཡ་མཆུ་དང་རྣའི་ནང་ཕྱོགས། མ་ནེ་དང་གདོང་གི་གཞོགས་སོགས་ནི་དཀར་སྐྱ་ཡིན། ཕོ་རིགས་ཀྱི་གྲེ་བའི་ཁག་དང་བྲང་གི་ཁ་དོག་ནག་སྐྱ་ཡིན་ལ། ལོ་རྗེ་ཆེར་སོང་བ་དང་བསྟུན་ནས་བྲང་གི་ཁ་དོག་ནག་སྐྱ་རིམ་བཞིན་ཇེ་ཟབ་ཏུ་འགྲོ། བྲང་གི་ནག་སྐྱ་ཡུན་གྱིས་མདུན་ལུག་གི་སྟེང་དུ་བསྲིངས་ཤིང་ནག་རིས་མངོན་གསལ་ཞིག་ཏུ་གྱུར་ནས་ཐད་ཀར་ལུག་སྣེར་ཐོན་ཡོད། ཕོ་བ་

དང་སུག་བཞི་ཡི་ནང་གཞོགས་ཚང་མ་དཀར་པོ་ཡིན། མཆན་འོག་ནས་རྐེད་པའི་བར་དུ་རི་མོ་ནག་པོའང་ཡོད། མོའི་ལུས་ཀྱི་ང་གདོང་དང་གྲེ་བ། རྐེད་པ་སོགས་ནག་པོ་ཡིན་པ་མཐོང་རྒྱུ་ཞུང་། ནར་མ་སོན་པའི་གནའ་བའི་སྤུ་མདོག་སྐྱ་བོ་དང་། ལ་ལ་མདོག་སེར་སྐྱ་ཡིན།

སྐྱེ་ཁམས་གོམས་གཤིས། གནའ་བ་ནི་མཚོ་ངོས་ལས་མཐོ་ཚད་སྨི3900—5000བར་གྱི་རི་མཐོའི་བྲག་རྫ་དང་གྲོག་རོང་ཁྲོད་ཀྱི་རྩྭ་ཐང་དུ་འཚོ་སྡོད་བྱེད་ཀྱིན་ཡོད། གཟུགས་མདོག་དང་བྲག་རྫ་དབྱེ་བ་འབྱེད་དཀའ་ཞིང་། རི་བོ་མཐོན་པོར་འཛེག་མཁས་པ་དང་། འགུལ་སྐྱོད་བདེ་ཐུག་འཁྱུག་པ། བྲག་རྫའི་གཡང་གཟར་དུ་མཆོང་ཐུབ་ཀྱིན་ཡོད། གནའ་བ་ནི་ཁྱུ་ཚོགས་བྱས་ནས་སྡོད་པ་ལས་ཁེར་འཚོ་བྱེད་པ་ཧ་ཅང་ཉུང་ཞིང་། རྒྱུན་དུ་བཅུ་ཕྲག་ལྷག་ནི་ཁྱུ་གཅིག་དང་ཆེ་ཆུང་ཚང་མ་མཉམ་དུ་འཚོ་བཞིན་ཡོད། ཟས་རིགས་ནི་སྤོ་རྩྭ་དང་སྡོང་ཕྲན་ལོ་མ་གཙོ་བོར་ཟ་བཞིན་ཡོད། ཟླ5—6པའི་བར་གནའ་ཕྲུག་བཙའ་ཞིང་བཙའ་ཐེངས་རེར་ཕྲུ་གུ1རེ་བཙའ་བ་དང་མཚམས་རེར་ཕྲུ་གུ2རེ་བཙའ་བཞིན་ཡོད། གནའ་ཕྲུག་མང་ཆེ་བ་བཙས་རྗེས་ཀྱི་སྐར་མ30ཡི་ནང་ཡར་ལངས་ཐུབ་པར་མ་ཟད། མ་མོ་དང་འགྲོགས་ནས་འགུལ་སྐྱོད་བྱེད་ཐུབ་ཅིང་། ཉིན10ཡི་རྗེས་ནས་རང་མོས་ངང་འགྲོ་ཐུབ། ནུ་མ་ལྡུད་ཡུན་ཟླ3ཡིན་ཞིང་། གནའ་ཕྲུག་བཙས་ནས་ཟླ6འགོར་རྗེས་ར་རིང་སྐྱེས།

གནའ་བ་ཡི་བྲག་འཛེག་ནུས་པ་གསར་ལ་དོ་ཞིང་། གནའ་བ་ནི་རྨིག་པ་ཅན་གྱི་སྲོག་ཆགས་ཤིག་ཡིན་ཞིང་། མདུན་སུག་གཉིས་ལ་བརྟེན་ནས་འགྲོ་བ་སྟེ། རྨིག་པའི་ཆེས་མདུན་གྱི་སུག་རྩེ་ནི་རྣོ་ངར་ལྡན་པས། འགྲོ་སྟངས་འདིའི་དགེ་མཚན་ནི་མདུན་སུག་ས་ངོས་ལ་ཐུག་པའི་རྒྱ་ཁྱོན་ཅུང་ཆུང་བས། ཁོ་ཚོས་རྨིག་པར་བརྟེན་ནས་གཡང་གཟར་གྱི་སྟེང་དུ་བདེ་བླག་གི་ངང་ནས་འགྲོ་ཐུབ་ཡོད་པ་རེད། དེ་ནི་གནའ་བ་གཞན་དང་མི་འདྲ་བའི་ཁྱད་ཆོས་ཤིག་ཡིན། གནའ་བའི་མདུན་སུག་གི་རྨིག་པ་གཉིས་སུ་གྱེས་པས་དེ་ས་ངོས་ལ་ཐུག་པའི་རྒྱ་ཁྱོན་ཆེ་ཙ་གཏོང་ཐུབ། རྨིག་པའི་མདུན་སྣེའི་རྒྱ་ཁྱོན་ཧ་ཅང་ཆུང་བས། བྲག་རྫའི་བར་གསེང་དུ་བཙུགས་ནས་འགྲོ་དུས་རང་ཉིད་ཀྱི་ལུས་པོ་སྡར་བས་གཏན་འཇགས་སུ་གཏོང་ཐུབ། གནའ་བ་ཡི་སུག་ཙུས་ནི་སྤྱིར་རྨིག་ཅན་གྱི་སྲོག་ཆགས་གཞན་པའི་སུག་ཙུས་ལས་ཀྱང་སྦོམ་ལ་ཚོགས་རྒྱུས་ཆེ་བས་སུག་ཙུས་ཀྱི་རྩལ་ཤུགས་ཆེ་ཙ་བཏང་ཡོད།

ས་ཁམས་ཁྱབ་ཚུལ། རྒྱལ་ནང་དུ་གཙོ་བོར་ཞིན་ཅང་དང་བོད་ལྗོངས། ཉིང་ཞ། ཀན་སུའུ། མཚོ་སྔོན། ནང་སོག ཧྲའན་ཞི། སི་ཁྲོན། ཡུན་ནན་བཅས་སུ་ཁྱབ་ཡོད།

སྲུང་སྐྱོབ་རིམ་པ། རྒྱལ་ཁབ་ཀྱི་རིམ་པ II གཙོ་གནད་སྲུང་སྐྱོབ་བྱ་བའི་རི་སྐྱེས་སྲོག་ཆགས། ཀྲུང་གོའི་སྐྱེ་དངོས་སྣ་མང་རང་བཞིན་གྱི་མིང་ཐོ་དམར་པོ་ལས་འཇིག་ཉེན་མེད་པའི་རིགས་ཡིན།（LC）

麝科 Moschidae

19. 马麝 *Moschus chrysogaster*
英文名：Alpine Musk Deer

形态特征：体型最大的麝属动物。雌麝体重 15 千克左右，雄麝体重稍小些。站立时臀高大于肩高。雌雄均无角。头型狭长，吻尖。无眶下腺。耳狭长。体背呈棕褐色或淡黄褐灰色，毛基乳灰色。鼻周、脸面灰褐棕色，眼周棕黄色。前额、头顶暗褐微沾灰色。上下嘴唇乳白色。耳尖、耳缘及耳背多棕黄色。颈背中央有一条暗褐色斑纹，中间散布有数个不规则的淡棕色斑。颈下纹黄白色或污白色。腹部、鼠蹊棕黄色，胸部色调与体背相同，四肢色调与体色相类似。雄体的上犬齿特别发达，呈獠牙状，向下伸出唇外且略向后弯。尾短而粗，大部裸露，其上满布油脂腺体。体腹后部有麝香腺。雌体的上犬齿极细小，不呈獠牙状；尾较纤细，其上被毛密而均匀；

无麝香腺。

生态习性：马麝的分布海拔为3000—4500米，多喜欢在林缘附近的各种灌丛中栖居。生性孤独，除在繁殖季节外，多单独活动于僻静环境中。活动规律性强，清晨和傍晚取食，既吃树叶嫩枝，也吃各种草类和苔藓，偶尔也食一些菌类。狼、豺、猞猁和雪豹等为其主要天敌。麝香是雄性马麝腹部腺体分泌物，用于标记领地以驱赶其他雄性，同时宣示自身魅力以吸引异性。秋末时节进入配偶期，前后历时约一个月左右。在此期间，雄体之间有激烈的争雌现象。一年繁殖一次，每胎产仔1—2只，幼体背部有明显呈纵向排列的淡黄色斑。

地理分布:国内主要分布于宁夏、青海、甘肃、西藏、陕西、四川和云南。

保护级别：国家Ⅰ级重点保护野生动物；中国生物多样性红色名录－极危（CR）。

གླ་རིགས། Moschidae

19. གླ་བ། *Moschus chrysogaster*
    དབྱིན་ཡིག་གི་མིང་། Alpine Musk Deer

གཟུགས་དབྱིབས་ཁྱད་ཆོས། གླ་བ་འདི་ནི་གཟུགས་དབྱིབས་ཆེས་ཆེ་བའི་གླ་རིགས་ཀྱི་སྲོག་ཆགས་ཞིག་ཡིན། གླ་མོའི་ལྗིད་ཚད་ལ་སྤྱི་ཀྲ15ཡས་མས་ཡོད། གླ་ཕོའི་ལྗིད་ཚད་ཅུང་ཆུང་། ལང་དུས་འཕོངས་མགོ་ཕྲག་པ་ལས་མཐོ། ཕོ་མོ་ཚང་མར་རྭ་ཅོ་མེད། མགོ་ཕྲ་ཞིང་རིང་བ་དང་མཆུ་ཏོ་རྩེ་ཕྲ་ཅན་ཡིན། མིག་འོག་ཏུ་གཤེར་རྨིན་མེད། རྣ་ཁྱུང་དོག་ལ་རིང་། ལུས་རྒྱབ་ནི་ཁ་དོག་སྨུག་པོའམ་སྨུག་སྐྱ་ཡིན། སྨྱུ་རྨང་གི་མདོག་དཀར་པོ་ཡིན། རྔ་ཡི་མཐའ་དང་གདོང་གི་མདོག་སྨུག་སྐྱ་ཡིན། མིག་གི་མཐའ་སེར་པོ་ཡིན། དཔྲལ་བ་དང་ལྐད་དཀྱིལ་ནི་ཁམ་མདོག་ཁྲོད་དུ་སྐྱ་མདོག་ཅུང་ཟད་འདྲེས། ཡ་མཆུ་དང་མ་མཆུ་ནི་དཀར་པོ་ཡིན། རྣ་རྩེ་དང་རྣ་འགྲམ། རྣ་རྒྱབ་སོགས་ཁ་དོག་སེར་པོ་ཡིན། སྐེ་རྒྱབ་ཀྱི་དཀྱིལ་ན་ཁམ་མདོག་གི་ཁྲ་ཐིག་ཅིག་ཡོད། ཁྲ་ཐིག་གི་དཀྱིལ་དུ་དབྱིབས་ངེས་མེད་ཀྱི་སྨུག་སྐྱའི་ཁྲ་ཐིག་འགའ་ཡོད། ཨོག་རིས་མདོག་སེར་དཀར་ཡིན། ལྟོ་བ་

དང་འདྲོམས་གཉིས་ཀར་མདོག་སེར་པོ་ཡིན་ལ། བྲང་གི་ཁ་དོག་ནི་ལུས་རྒྱབ་དང་གཅིག་མཚུངས་ཡིན། སུག་བཞིའི་ཁ་དོག་ནི་ལུས་ཀྱི་ཁ་དོག་དང་འདྲ། གླ་ཕོ་ཡི་ཡར་སོའི་མཆེ་བ་ཤིན་ཏུ་རྒྱས་ཤིང་མཆེ་བ་གཙོས་པས་མ་མཆུ་ཡི་འོག་ནས་ཕྱུང་རྒྱབ་ཕྱོགས་སུ་གུག་ཡོད། རྔ་མ་ཐུང་ཞིང་སྦོམ་པ་དང་། མང་ཆེ་བ་སྤུ་མེད་གཅེར་བུར་ཡིན། དེའི་སྟེང་དུ་སྣུམ་ཚིལ་རྨེན་གྱིས་ཁེངས་ཡོད། ལུས་པོའི་རྒྱབ་ངོས་སུ་གླ་རྩིའི་གཤེར་རྨེན་ཡོད། གླ་མོའི་ཁ་ནང་གི་མཆེ་བ་ཆུང་ཞིང་ཕྲ་ལ་མཆེ་བ་གཙོས་མེད། རྔ་མ་ཕྲ་ལ་སྤུ་མཐུག་ཅིང་སྙོམས་པ་དང་། དེའི་སྟེང་དུ་གླ་རྩིའི་གཤེར་རྨེན་མེད།

སྐྱེ་ཁམས་གོམས་གཤིས། གླ་བ་ནི་མཚོ་ངོས་ལས་མཐོ་ཚད་སྨི3000—4500ལ་ཁྱབ་ཡོད་པ་དང་། མང་ཆེ་བ་ནི་ནགས་མཐའི་ཉེ་འགྲམ་གྱི་སྤོང་ཐང་ནགས་ཚལ་དུ་སྡོད་རྒྱུར་དགའ་པོ་ཡོད། སྐྱེ་འཕེལ་དུས་ཚིགས་ལས་གཞན་ཁེར་རྐྱང་གིས་ཁོར་ཡུག་ཁྲིད་འགྲུལ་སྐྱོད་བྱེད་བཞིན་ཡོད། འགྲུལ་སྐྱོད་ཀྱི་ཆོས་ཉིད་ལྡན་དྲག་པས། ཞོགས་པ་དང་ས་སྲོད་ལ་ཟས་བཟའ་སྐབས། ལོ་མ་སྙི་མོ་ཟ་བར་མ་ཟད། རྩྭའི་རིགས་དང་སྤོ་དྲིག་སྨན་སྣ་ཚོགས་ཀྱང་ཟ་བ་དང་། མཚམས་རེར་སྦྲིན་རིགས་ཀྱང་ཟ་བ་རེད། སྤྱང་ཀི་དང་འཕར་བ། གཡི། གསའ་སོགས་ནི་དེའི་དགྲ་ཟླ་གཙོ་བོ་ཡིན། གླ་རྩི་ནི་གླ་ཕོའི་རིགས་ཀྱི་ཕོ་བའི་ནང་གི་རྨེན་གཟུགས་ཀྱི་ཟགས་ཐོན་དངོས་པོ་ཞིག་ཡིན་པ་དང་། དེ་ནི་རང་གི་མངའ་ཁོངས་སུ་མཚོན་རྟགས་བརྒྱབ་ནས་ཕོ་རིགས་གཞན་དག་ཕྱིར་འབུད་བྱེད་པ་དང་ཆབས་ཅིག་རང་ཉིད་ཀྱི་ཡིད་དབང་འཕྲོག་ཤུགས་མངོན་པར་བྱས་ནས་གླ་མོའི་ཡིད་དབང་འགུག་བཞིན་ཡོད། སྟོན་ཀའི་དུས་ཚིགས་སུ་དུས་ལ་འགྲོ་བའི་དུས་སྐབས་སུ་སླེབས་པ་དང་། ཕྱ་ཕྱིར་ཟླ་བ་གཅིག་ཡས་མས་འགོར་གྱིན་ཡོད། དུས་སྐབས་འདིར་ཕོ་གླ་བར་དུ་མོ་གླ་རྩོད་པའི་ཆེད་དུ་ཛ་དྲག་ཆེན་པོའི་སྡོམ་རྩུང་ཁ་བྱེད་པའི་སྣང་ཚུལ་ཡོད། ལོ་གཅིག་ལ་སྐྱེ་འཕེལ་ཐེངས་རེ་བྱེད་པ་དང་། གླ་མོ་རེར་གླ་ཕྲུག1—2རེ་བཙའ་བ་དང་། གླ་ཕྲུག་གི་རྒྱབ་ཀྱི་འཕྲེད་དུ་བསྒྲར་བའི་སེར་སྐྱའི་ཁྲ་ཐིག་མངོན་གསལ་ཡོད།

ས་ཁམས་ཁྱབ་ཚུལ། རྒྱལ་ནང་དུ་གཙོ་བོར་ཉིང་ཞ་དང་། མཚོ་སྔོན། ཀན་སུའུ། བོད་ལྗོངས། ཧྲའན་ཞི། སི་ཁྲོན། ཡུན་ནན་བཅས་སུ་ཁྱབ་ཡོད།

སྲུང་སྐྱོབ་རིམ་པ། རྒྱལ་ཁབ་ཀྱི་རིམ་པ I གཙོ་གནད་སྲུང་སྐྱོབ་བྱ་བའི་རི་སྐྱེས་སྲོག་ཆགས་དང་། ཀྲུང་གོའི་སྐྱེ་དངོས་སྣ་མང་རང་བཞིན་གྱི་མིང་ཐོ་དམར་པོ་ལས་འཛིག་ཉེན་ཤིན་ཏུ་ཆེ་བའི་རིགས་ཡིན། (CR)

20. 林麝 *Moschus berezovskii*
英文名：Forest Musk Deer

形态特征：上体暗棕褐色或苍灰棕褐色，以体背后部及臀部毛色最深，背部毛基灰褐色，脸面苍灰褐色，鼻、额、头顶及耳背稍深暗。耳内乳白色，耳尖褐色无棕或黄色色调。上下嘴唇及下颌污白色。有明显的颈下纹，呈白色、污白色或浅黄白色，并一直延伸至胸前。腹部腋下、鼠蹊呈黄白或棕黄色。前肢毛色为均匀的灰褐色，后肢前面灰白褐色，后面暗褐色。吻长小于颅全长之半。仅雄性腹后部具麝香腺。

生态习性：林麝多出没于海拔 2400—3800 米的高寒山区，在同一地区随季节的变化选择不同的栖息环境，有季节性的垂直迁徙习性。林麝性胆怯，喜独居，不成群。它们活动、觅食、休息、排泄都有固定的路线和地点，若不受惊扰，不会轻易变动。它们会将麝香腺的分泌物擦在树桩、小树枝上，从而识别自己的活动区域。嗅觉、听觉和视觉敏锐，遇有异样声响，即迅速逃遁。多在黎明和夜间活动，白天一般静卧休息。秋冬季为繁殖期，春夏季为产仔期，孕期 6 个月，每胎 1—3 仔，多为 2 仔，哺乳期 2—3 个月。

地理分布：国内主要分布于青海、河南、宁夏、湖北、贵州、甘肃、重庆、陕西、湖南、四川、西藏、云南、广东和广西。

保护级别：国家 I 级重点保护野生动物；中国生物多样性红色名录 - 极危（CR）。

20. ནགས་གླ། *Moschus berezovskii*
དབྱིན་ཡིག་གི་མིང་། Forest Musk Deer

གཟུགས་དབྱིབས་ཁྱད་ཆོས། གླ་བ་འདིའི་རིགས་ཀྱི་ཁོག་སྟོད་མདོག་སྨུག་པོའམ་སྨུག་སྐྱ་ཡིན་པ་དང་། ལུས་པོའི་རྒྱབ་ངོས་དང་འཕོངས་ཆོས་ཀྱི་སྤུ་མདོག་ཅུང་སྣུག་པོ་ཡིན། རྒྱབ་ཀྱི་སྤུ་རྩ་སྨུག་པོ་ཡིན། གདོང་གི་ཁ་དོག་ནི་ཁམ་སྐྱ་ཡིན་ལ། སྣ་དང་དཔྲལ་བ། མགོ་ཀླད། རྣ་རྒྱབ་སོགས་ནི་ཅུང་ནག་པོ་ཡིན། རྣ་ནང་གི་མདོག་དཀར་པོ་ཡིན་པ་དང་། རྣ་རྩེ་སྨུག་པོའམ་ཁ་དོག་སེར་པོ་ཡིན། གོང་འོག་གི་མཆུ་དང་མ་ནེའི་མདོག་དཀར་པོ་ཡིན། ཨོག་རིས་ཀྱི་མདོག་དཀར་པོ་དང་སེར་སྐྱ་ཡིན་པར་མ་ཟད། དེ་ནི་བྲང་ཁར་བསྲིངས་ཡོད། གསུམ་པའི་མཚན་འོག་དང་། འདོམས་ཀྱི་མདོག་སེར་པོའམ་སྨུག་པོ་ཡིན། ལག་སུག་གི་སྤུ་མདོག་ནི་ཁམ་སྐྱ་བོ་ཡིན་པ་དང་། རྐང་སུག་གི་མདུན་གྱི་མདོག་ནི་སྐྱ་བོ་ཡིན་པ་དང་ཕྱི་ཡི་མདོག་ནི་སྐྱ་ནག་ཡིན། མཆུ་སྣེ་ཡི་རིང་ཚད་ནི་མགོའི་རིང་ཚད་ཀྱི་ཕྱེད་ཀ་ལས་ཐུང་། ཕོ་རིགས་ཁོ་ནའི་གསུམ་མཐུག་ཏུ་གླ་རྩེའི་གཤེར་

སྨིན་ཡོད།

སྐྱེ་ཁམས་གོམས་གཤིས། ནགས་ཤྭ་མང་ཆེ་བ་མཚོ་ངོས་ལས་མཐོ་ཚད་སྨི2400—3800བར་གྱི་མཐོ་སྒང་རི་ཁུལ་དུ་འཚོ་བཞིན་ཡོད། ས་ཁུལ་གཅིག་ཏུ་དུས་ཚིགས་གཅིག་གི་འགྱུར་ལྡོག་དང་བསྟུན་ནས་འཚོ་སྡོད་ཀྱི་ཁོར་ཡུག་མི་འདྲ་བ་འདེམས་ཀྱི་ཡོད་པས་དུས་ཚིགས་ཀྱི་རང་བཞིན་ལྡན་པའི་སྒོ་ནས་ཐད་ཀར་གནས་སྤོ་བའི་གོམས་གཤིས་ཡོད། ནགས་ཤྭ་ཁེར་སྡོད་མི་བྱེད་པར་དེ་དག་གི་འགུལ་སྐྱོད་དང་། སྣོ་འཚོལ། ངལ་གསོ། ཕྱིར་འབུད་སོགས་ལ་གཏན་འཇགས་ཀྱི་ལམ་ཐིག་དང་ས་གནས་ཡོད་པས། གལ་ཏེ་འཇིགས་སྣང་མ་བཟོས་ན་ལས་སླ་པོར་འགྱུར་ལྡོག་ཡོད་མི་སྲིད། དེ་ཚོས་ཤྭ་རྩེའི་གསེར་སྨིན་གྱི་ཟགས་ཐོན་དངོས་ཟས་ཤིང་ཕུར་དང་ཡལ་ག་ཆུང་ཆུང་སྙིང་དུ་བཙུགས་ནས་རང་ཉིད་ཀྱི་འགུལ་སྐྱོད་ཁུལ་ངོས་འཛིན་བྱེད་ཀྱི་ཡོད། སྣ་ཤེས་དང་རྣ་ཤེས། མིག་ཤེས་ཀྱི་ཚོར་བ་རྣོན་པོ་ཡོད་པས་འདྲ་མིན་གྱི་སྒྲ་ཐོས་མ་ཐག་མགྱོགས་མྱུར་ངང་བྲོས་འགྲོ། སྐྱ་རེངས་དང་མཚན་མོར་འགུལ་སྐྱོད་བྱེད་པ་མང་ལ། ཉིན་དཀར་ངལ་གསོ་བྱེད། སྟོན་དུས་ནི་སྐྱེ་འཕེལ་གྱི་དུས་ཡིན་ཞིང་། དབྱིད་ཀ་དང་དབྱར་དུས་ནི་ཤྭ་ཕྲུག་བཙའ་བའི་དུས་ཡིན། མངལ་ཆགས་པའི་དུས་ཡུན་ནི་ཟླ་བ6ཡིན་པ་དང་། ཤྭ་མ་རེར་ཕྲུ་གུ1—3བར། མང་ན་ཕྲུ་གུ2བཙའ་བ་དང་ནུ་མ་སྣུན་པའི་དུས་ནི་ཟླ་བ2—3བར་ཡིན།

ས་ཁམས་ཁྱབ་ཚུལ། རྒྱལ་ནང་དུ་གཙོ་བོར་མཚོ་སྔོན་དང་ཧོ་ནན། ཉིང་ཞ། ཧུའུ་པེ། ཀུའེ་ཀྲོའུ། ཀན་སུའུ། ཁྲུང་ཆིང་། ཧྲན་ཞི། ཧུའུ་ནན། སི་ཁྲོན། བོད་ལྗོངས། ཡུན་ནན། ཀོང་ཏུང་། ཀོང་ཞི་བཅས་སུ་ཁྱབ་ཡོད།

སྲུང་སྐྱོབ་རིམ་པ། རྒྱལ་ཁབ་ཀྱི་རིམ་པ I གཙོ་གནད་སྲུང་སྐྱོབ་བྱ་བའི་རི་སྐྱེས་སྲོག་ཆགས་དང་། ཀྲུང་གོའི་སྐྱེ་དངོས་སྣ་མང་རང་བཞིན་གྱི་མིང་ཐོ་དམར་པོ་ལས་འཇིག་ཉེན་ཤིན་ཏུ་ཆེ་བའི་རིགས་ཡིན།（CR）

骆驼科 Camelidae

21. 双峰驼 *Camelus ferus*
英文名：Bactrian Camel

形态特征：体型高大，体长可达 3.5 米，站立时肩高可达 1.8 米，体重可达 500 千克，最大的特点是背部长有两个凸起的驼峰，能够储存大量的水分和脂肪。躯短肢长，体型呈典型的高方型，头较小，头颈高昂过体，耳小尾短，鼻能开闭。上唇中裂如兔唇，下唇较长。前躯大后躯小，背短腰长。主要生活在沙漠，全身毛发都呈现黄褐色，冬季毛发会变得极为茂盛，尤其是驼峰和脖子上会长出极为茂盛的鬃毛。眼睫毛也非常修长密集，能很好地隔绝风沙。在肘、腕、胸底和后膝处，附有七个角质垫，偶蹄胼足，以指（趾）着地，成软蹄盘。

生态习性：双峰驼喜集群生活，夏天多集小群，秋冬季节则会聚集成上百只的大群，进行迁徙。双峰中至少可以储存 100 升的水分，因此在夏季可以完美适应数周也无法喝水的情况。到了冬季，双峰驼会面临食物短缺的威胁，这时驼峰中的脂肪又能起到作用。主要以盐生植物、荒漠植物等为食，如红柳、骆驼刺等。相较于单峰驼来说，双峰驼的耐力更好，更能适应极为寒冷的温带沙漠生境。双峰驼为“一夫多妻制”，每年 1—3 月为繁殖期。雌性每两年繁殖一次，怀孕期约 400 天，翌年 3—4 月生产，每胎产 1—2 仔。幼仔出生后 2 小时便能站立，当天便能跟随双亲行走，幼仔在母体身边一般待 3—5 年。

地理分布：国内主要分布于新疆、甘肃、内蒙古。

保护级别：国家 I 级重点保护野生动物；中国生物多样性红色名录 - 极危（CR）。

ར་མོང་ཚན་པ། Camelidae

21.རྔ་མོང་། *Camelus ferus*
དབྱིན་ཡིག་གི་མིང་། Bactrian Camel

གཟུགས་དབྱིབས་ཁྱད་ཆོས། རྔ་མོང་གི་གཟུགས་པོ་ཆེ་ལ་གཟུགས་པོའི་རིང་ཚད་ལ་སྨི3.5ཡོད་པ་དང་། འགྲེང་སྐབས་ཐུག་པའི་མཐོ་ཚད་ལ་སྨི1.8ཡོད་ལ། ལུས་པོའི་ལྗིད་ཚད་ལ་སྤྱི་གྲ500ཡོད། ཁྱད་ཆོས་ཆེ་ཤོས་ནི་རྒྱབ་གོང་ན་འབུར་དོད་ཀྱི་རྔ་ནོག་གཉིས་སྐྱེས་ཡོད་པ་དང་། དེས་ཆུ་དང་ཚིལ་མང་པོ་གསོག་ཐུབ། རྐང་ཐུང་ལག་རིང་ཞིང་གཟུགས་པོ་ནི་དཔེ་མཚོན་ཅན་གྱི་མཐོ་ཚད་མཐོ་ཞིང་། མགོ་ཐུང་ཆུང་ལ། མགོ་དང་སྐེ་ཤིན་ཏུ་མཐོ། རྣ་ཅོག་ཆུང་ཞིང་རྔ་མ་ཐུང་བ་དང་། སྣ་ཡིས་འབྱེད་ཟུམ་བྱེད་ཐུབ། ཡ་མཆུ་ནི་རི་བོང་གི་མཆུ་དང་འདྲ། མ་མཆུ་ཐུང་རིང་། ཁོག་སྟོད་ཆེ་ཞིང་ཁོག་སྨད་ཆུང་། རྒྱབ་ཐུང་ལ་སྙིད་རིང་། གཙོ་བོ་བྱེ་ཐང་དུ་འཚོ་བ་དང་ལུས་པོ་ཡོངས་ཀྱི་སྤུ་མདོག་ཁམ་སེར་ཡིན་ལ། དགུན་དུས་སུ་སྤུ་ནི་ཧ་ཅང་སྟུག་པོ་ཡིན། ལྷག་པར་དུ་རྔ་ནོག་གི་རྩེ་དང་སྐེ་ཡི་སྤུ་ནི་ཧ་ཅང་སྟུག་པོ་སྐྱེས་ཡོད། ཁོ་ཚོའི་མིག་སྤུ་ཡང་ཧ་ཅང་རིང་

ཞིང་ཚགས་དམ་པས། བྱེ་ཐང་དང་བར་ཐག་གཙོད་ཐུབ། གྲུ་མོ་དང་མཁྲིག་མཐིལ། ཐང་མཐིལ། ཕུས་མོའི་རྒྱབ་བཅས་སུ་རྨིག་པ་དཀར་པོ་ཡོད།

སྐྱེ་ཁམས་གོམས་གཤིས། ཐ་མོང་ནི་ཁྲུ་ཚོགས་བྱས་ནས་འཚོ་བ་དང་། དབྱར་དུས་ཁྲུ་ཚུང་ཚུང་མང་པོ་འདུས་པ་དང་། སྟོན་དགུན་དུས་སུ་ཁྲུ་ཚོགས་མང་པོ་བརྒྱ་ཕྲངས་འདུས་ནས་གནས་སྡོ་བཞིན་ཡོད། ཐ་མོང་གི་ཐ་ནོག་གཉིས་ཀྱི་ནང་དུ་མ་མཐའ་ཡང་ཆུ་ཚད100གསོག་ཐུབ། དེའི་ཕྱིར་དབྱར་དུས་སུ་གཟའ་འཁོར་འགའ་ལ་ཆུ་འཐུང་མི་དགོས། དགུན་དུས་སུ་ཐ་མོང་ལ་བཟའ་བཅའ་དཀོན་པའི་ཉེན་ཁ་འཕྲད་སྲིད། སྐབས་དེར་ཐ་ནོག་གི་ཚིལ་གྱིས་ཀྱང་ནུས་པ་འདོན་ཐུབ། གཙོ་བོར་ཚྭ་སྐྱེས་རྩེ་ཤིང་དང་བྱེ་ཐང་གི་རྩེ་ཤིང་སོགས་ཟ་རྒྱུ་དགའ། དཔེར་ན་ལྕང་དམར་དང་ཐ་ཚེར་སོགས་ཟ། ཐ་མོང་རྩེ་གཅིག་ཅན་དང་བསྡུར་ན་ཐ་མོང་རྩེ་གཉིས་ཅན་གྱི་བཟོད་བསྲན་གྱི་ནུས་པ་ཆེ་ཞིང་གྲང་ངར་ཆེ་བའི་དྲོད་རྒྱུད་བྱེ་ཐང་གི་ཁོར་ཡུག་ལ་ལྷག་ཏུ་གོམས་ཐུབ། ཐ་མོང་གི་འཚོ་བ་སྐྱེལ་སྟངས་ནི་ཁྱོ་གཅིག་ཤུག་མང་གི་ལམ་ལུགས་ཡིན་ཞིང་། ལོ་རེའི་ཟླ1—3པའི་བར་ནི་རྒྱུད་ཐེལ་དུས་སྐབས་ཡིན། མོའི་རིགས་ཀྱིས་ལོ2རེར་ཕྲུ་གུ་ཐེངས་གཅིག་རེ་བཙའ་བ་དང་། མངལ་སྦྲུམ་པའི་ཉིན400ལྷག་ཡོད། ཕྱི་ལོའི་ཟླ3—4པའི་བར་དུ་བཙའ་བ་དང་། མ་རེར་ཕྲུ་གུ1—2རེ་བཙའ་བཞིན་ཡོད། ཕྲུ་གུ་བཙས་རྗེས་ཀྱི་ཆུ་ཚོད2ནང་ཡར་ལངས་ཐུབ་པ་དང་། ཉིན་དེར་ཕ་མ་གཉིས་ཀྱི་རྗེས་སུ་འབྲངས་ནས་འགྲོ་ཐུབ། ཕྲུ་གུ་ཨ་མའི་གམ་དུ་ལོ3—5བར་སྡོད་བཞིན་ཡོད།

ས་ཁམས་ཁྱབ་ཚུལ། རྒྱལ་ནང་དུ་གཙོ་བོར་ཞིན་ཅང་དང་ཀན་སུའུ། ནང་སོག་བཅས་སུ་ཁྱབ་ཡོད།

སྲུང་སྐྱོབ་རིམ་པ། རྒྱལ་ཁབ་ཀྱི་རིམ་པ I གཙོ་གནད་སྲུང་སྐྱོབ་བྱ་བའི་རི་སྐྱེས་སྲོག་ཆགས་དང་། ཀུང་གོའི་སྐྱེ་དངོས་སྣ་མང་རང་བཞིན་གྱི་མིང་ཐོ་དམར་པོ་ལས་འཛིག་ཉེན་ཤིན་ཏུ་ཆེ་བའི་རིགས་ཡིན། (CR)

猪科 Suidae

22. 野猪 *Sus scrofa*
英文名：Wild Boar

形态特征：形似家猪，但头部明显狭长，吻部长而突出，鼻盘显著，耳较小，四肢较短。鬃毛较明显，从头顶开始，沿颈背直至背脊中段，或达臀部一带。尾细，长度适中，被毛稀少，尾尖处扁平，两侧毛密。整个躯体被毛粗硬，大部毛尖分叉，特别是背脊两侧。体侧下部、腹部被毛显然稀疏。几乎无绒毛。毛色变化很大，深者酷似黑色，其中染有一些锈褐色或灰白色，色型较淡者为灰褐色，沾有少许锈色色调，若有白色，则常出现于颈背、体背附近。四肢一般呈较深的黑色或灰黑色。嘴角后面常有淡灰色的条纹，毛尖黑色。

生态习性：野猪栖息于气候凉爽的针阔混交林一带，常出没于林缘的耕地，觅食各种残留的作物颗粒和根茎。野猪是夜行性动物，通常在清晨和傍晚最活跃，在受干扰的地区变成夜间活动。白天要花费大约 12 个小时在密集的树叶丛中睡觉。雌性的怀孕期是 4 个月，1 胎产 4—12 头小仔，处于繁殖旺盛期的雌性个体一年能生两胎，一般 4—5 月间生一胎，秋季生另一胎。

地理分布：国内主要分布于黑龙江、辽宁、吉林、云南、福建、广东、广西、江西、青海、山西、湖南、海南、新疆、北京、河北、内蒙古、江苏、浙江、安徽、河南、湖北、四川、贵州、西藏、陕西、甘肃、宁夏、台湾、上海、天津、重庆和香港。

保护级别：中国生物多样性红色名录 – 无危（LC）。

ཕག་གི་རིགས། Suidae

22. ཕག་རྒོད། *Sus scrofa*
དབྱིན་ཡིག་གི་མིང་། Wild Boar

གཟུགས་དབྱིབས་ཁྱད་ཆོས། ཕག་རྒོད་ཀྱི་གཟུགས་དབྱིབས་ནི་ཁྱིམ་ཕག་དང་འདྲ་མོད། འོན་ཀྱང་མགོ་ནི་ཕྲ་ཞིང་རིང་བ་དང་མཆུ་ཏོ་རིང་ཞིང་འབུར་དུ་ཐོན་པས་ སྣ་རྩེར་མངོན་གསལ་ཡིན། རྣ་ཅོག་ཆུང་བ་དང་སུག་བཞི་ཐུང་། རྫོག་སྤུ་ཙུང་རིང་ཞིང་མགོ་ནས་སྒེ་ལྟག་དང་དེ་ནས་སྒལ་པའི་བར། ཡང་ན་འཕོངས་ཚོས་བར་ལ་སླེབས་པ་རེད། ཇ་མ་ཕྲ་ལ་རིང་ཐུང་འཚམ་པ་དང་སྤུ་ཐུང་ཞིང་ཇ་རྩེ་ལེབ་ལེབ་ཡིན་ལ་གཞོགས་གཉིས་ཀྱི་སྤུ་ཙུང་ཟད་སྟུག་པོ་ཡིན། ལུས་པོ་ཡོངས་ཀྱི་སྤུ་སྨྲོམ་ཞིང་སྲ་མོ་ཡིན་ལ། མང་ཆེ་བར་སྤུ་རྩེ་ཁ་དབྲག་ཡིན། ལྟག་པར་དུ་སྒལ་པའི་གཞོགས་གཉིས་དེ་ལྟར་ཡིན། ལུས་ཀྱི་ཁོག་སྨད་དང་གསུམ་པའི་སྤུ་ནི་ཐར་ཐོར་ཡིན་པ་དང་། ཕལ་ཆེར་ཁུ་སྤུ་མེད། སྤུ་མདོག་གི་འགྱུར་ལྡོག་ཧ་ཅང་ཆེ་ཞིང་། སྤུ་སྟུག་པོའི་མདོག་ནི་ནག་པོ་དང་འདྲ། དེའི་ཁྲོད་དུ་བཙའ་སྨུག་དང་དཀར་སྐྱ་འགའ་འགོས་ཡོད་པ་དང་། མདོག་སྐྱ་བོ་དང་བཙའ་མདོག་

ཉུང་ཙམ་ཡོད། གལ་ཏེ་ཁ་དོག་དཀར་པོ་ཡོད་ན་སྐེ་རྒྱབ་དང་སྒལ་པའི་ཉེ་འགྲམ་དུ་འབྱུང་བཞིན་ཡོད། སུག་བཞི་ནི་མང་ཆེ་བ་ནག་པོའམ་ནག་སྐྱའི་མདོག་ཡིན། ཁ་འགྲམ་གྱི་རྒྱབ་ཏུ་མདོག་སྐྱའི་ཐིག་ཤར་ཡོད་པ་དང་སྨུ་རྩེ་ནག་པོ་ཡིན།

སྐྱེ་ཁམས་གོམས་གཤིས། ཕག་རྐོད་ནི་གནམ་གཤིས་བསིལ་བའི་ཁབ་ལོ་དང་ལོ་ཆེ་འདྲེས་པའི་ནགས་ཚལ་དུ་འཚོ་ཞིང་། ནམ་རྒྱུན་ནགས་ཀྱི་མཐའ་ནས་ཐོན་པའི་རྩྭ་ཞིང་དང་། ཤུལ་ལུས་ཀྱི་སྐྱེ་དངོས་དང་རྩ་སྔོང་སོགས་སུ་འཚོ་བཞིན་ཡོད། ཕག་རྐོད་ནི་མཚན་བགྲོད་རང་བཞིན་གྱི་སྲོག་ཆགས་ཤིག་ཡིན། དུས་རྒྱུན་ཞོགས་པར་དང་ས་སྲོད་ལ་འགྲུལ་ཆ་དོད་པོས་ཡིན། ཉིན་མོར་ཕལ་ཆེར་དུས་ཚོད12བཀོལ་ནས་ལོ་མ་སྨུག་པོའི་ཁྲོད་གཉིད་དགོས། མོ་ཕག་ལ་མངལ་ཆགས་པའི་དུས་ཚོད་ནི་ཟླ་བ4ཡིན་ཞིང་། མོ་ཕག1ལ་ཕྲུ་གུ4—12བར་བཙའ་གིན་ཡོད། སྐྱེ་འཕེལ་དར་རྒྱས་ཆེ་བའི་དུས་ཀྱི་མོ་ཕག་ལ་ལོ་གཅིག་ལ་ཕག་ཕྲུག་ཐེངས་གཉིས་རེ་བཙའ་བཞིན་ཡོད། སྤྱིར་བཏང་ཟླ4—5པའི་བར་ཕག་ཕྲུག་གཅིག་བཙའ་གིན་ཡོད་ལ་སྟོན་དུས་སུ་ཡང་ཕག་ཕྲུག་གཞན་ཞིག་བཙའ་བཞིན་ཡོད།

ས་ཁམས་ཁྱབ་ཚུལ། རྒྱལ་ནང་དུ་གཙོ་བོར་ཧེ་ལུང་ཅང་དང་ལེའོ་ཉིང་། ཅི་ལིན། ཧྲུན་ནན། ཧྲུའུ་ཅན། ཀོང་ཏུང་། ཀོང་ཞི། མཚོ་སྔོན། ཅང་ཞི། མཚོ་སྔོན། ཧྲན་ཞི། ཧུའུ་ནན། ཧའེ་ནན། ཞིན་ཅང་། པེ་ཅིང་། ཧོ་པེ། ནང་སོག ཅང་སུའུ། ཀྲེ་ཅང་། ཨན་ཧུའེ། ཧོ་ནན། ཧུའུ་པེ། སི་ཁྲོན། ཀུའེ་གྲོའུ། བོད་ལྗོངས། ཧྲའན་ཞི། ཀན་སུའུ། ཉིང་ཞ། ཐའེ་ཝན། ཧྲང་ཧའེ། ཐེན་ཅིན། ཁྲུང་ཆིང་། ཤང་ཀང་བཅས་སུ་ཡིན།

སྲུང་སྐྱོབ་རིམ་པ། ཀྲུང་གོའི་སྐྱེ་དངོས་སྔ་མང་རང་བཞིན་གྱི་མིང་ཐོ་དམར་པོ་ལས་ཉེན་ཁ་མེད་པའི་རིགས་ཡིན།（LC）

23. 藏野驴 *Equus kiang*
英文名：Tibetan Wild Ass

形态特征：头宽而短，吻部稍圆钝，耳壳长超过 170 毫米。颈部鬣毛短而直，尾部长毛生于尾后半段或距尾端 1/3 段。四肢粗短，前肢内侧均有椭圆形胼胝体，蹄较窄而高。吻部乳白色，眼睛褐色，耳内侧密毛呈白色。体背呈棕色或暗棕色（夏毛略带黑色），两肋毛色较深暗，呈深棕色。自肩部颈鬣的后端沿背脊至尾部，具明显较窄的棕褐色或黑褐色脊纹。肩胛部两外侧各有 1 条明显的褐色条纹。肩后侧面具典型的白色楔形斑。腹部及四肢内侧呈白色，腹部的淡色区域明显向体侧扩展。四肢外侧呈淡棕色。臀部的白色与周围的体色相互混合而无明显的界线。成体夏毛较深，冬毛较淡。幼体毛色较浅，呈沙土黄色，绒毛很长，第二年夏天换毛后毛色似成体。

生态习性：藏野驴是高原动物，栖息于海拔 3600—5400 米的高原上。营群居生活，多由 5—6 只组成小群，有时可达 15 只，春夏季很少有 15 只以上的大群。驴群的行走方式通常是雄驴在前，幼驴在中间，雌驴在最后。藏野驴走过的道路多踏成一条明显的兽径，在其经过的地方有大堆的粪便，因此很容易辨别其活动路线。能游水，喜在溪流中洗浴。以高山植物为食，可以数日不饮。藏野驴 5 月中旬开始换毛，至 8 月中旬完全换成新毛，并开始肥壮起来，游移范围逐渐扩大，秋末聚集为大群生活。视觉、听觉、嗅觉均很敏锐，视觉、听觉尤其发达。繁殖期在 7—8 月间，争偶斗争激烈，互相撕咬，身上经常留下明显的伤痕。雌性藏野驴怀孕期为 350 天左右，于 6—7 月产仔，每胎 1 仔。

地理分布：青藏高原特有种。国内主要分布于青海、甘肃、新疆、西藏和四川。

保护级别：国家 I 级重点保护野生动物；中国生物多样性红色名录－近危（NT）。

རྨིག་པ་ཅན་གྱི་སྡེ་ཁག PERISSODACTYLA
རྟ་ཡི་ཚན་པ། Equidae

23. རྐྱང་། *Equus kiang*
དབྱིན་ཡིག་གི་མིང་། Tibetan Wild Ass

གཟུགས་དབྱིབས་ཁྱད་ཆོས། རྐྱང་གི་མགོ་ཞིང་ཐུང་བ་དང་། མཆུ་ཏོ་ཙུང་གོར་རྟུལ་གྱི་དབྱིབས་ཡིན། རྣ་ཤུབས་ཀྱི་རིང་ཚད་ཧྲའོ་སྨི170ལས་བརྒལ་བ་དང་། སྙེ་ཡི་ཟེ་སྤུ་ཐུང་ཞིང་དྲང་། མཇུག་མའི་སྤུ་རིང་ནི་མཇུག་མའི་ཕྱེད་ཀའམ་ཡང་ན་མཇུག་མའི1/3མཚམས་ན་སྐྱེས་ཡོད། རྐང་ལག་སྡོམ་ཞིང་ཐུང་བ་དང་མདུན་སུག་གི་ནང་ངོས་སུ་འཛོང་དབྱིབས་ཀྱི་ཤ་བ་ཅན་གྱི་སྐྲན་གྱི་ཚེ་སྨའི་གཟུགས་ཡོད་པ་དང་། རྨིག་པ་ཙུང་དོག་ཅིང་མཐོ་བ་ཡིན། མཆུ་ཏོའི་མདོག་ནི་དཀར་པོ་དང་། མིག་ནི་ཁམ་མདོག རྣ་ནང་གི་སྤུ་ནི་དཀར་པོ་ཡིན། ལུས་པོའི་རྒྱབ་ངོས་ནི་ཟྭ་མདོག་གམ་སྨུག་པོ（དབྱར་གྱི་སྤུ་ཙུང་ནག་པོ）ཡིན། ཐུག་པའི་ཟེ་རུས་ཀྱི་རྒྱབ་སྟེ་ནས་མཇུག་བར་ཙུང་སྨུག་པའི་ཟྭ་མདོག་ཡིན། སོག་རུས་ཁག་གཉིས་ཀྱི་ཕྱི་གཡོགས་སུ་ཐིག་ཤར་གསལ་པོ་རེ་ཡོད། ཐུག་པའི་རྒྱབ་ངོས་སུ་དཔེ་མཚོན་ཅན་གྱི་ཁྲིའུ་དབྱིབས་ཁྲ་ཐིག་དཀར་པོ་ཡོད། གསུམ་ཁག་

དང་ཡན་ལག་བཞིའི་ནང་གཞོགས་དཀར་པོ་ཡིན་པ་དང་། གསུམ་ཁག་གི་མདོག་སྨུག་པོའི་ཁྲལ་མངོན་གསལ་གྱིས་ལུས་པོའི་གཞོགས་སུ་རྒྱ་སྐྱེད་བཞིན་ཡོད། རྐང་ལག་གི་ཕྱི་ངོས་ཐ་མདོག་རེད། འཕོངས་ཀྱི་མདོག་དཀར་པོ་དང་འཇེ་འཁོར་གྱི་མདོག་ཕན་ཚུན་འདྲེས་ནས་མངོན་གསལ་གྱི་དབྱེ་མཚམས་མེད། རྒྱང་དར་མའི་དབྱར་གྱི་སྤུ་མདོག་ཙུང་སྨུག་ལ་དགུན་གྱི་སྤུ་མདོག་ཙུང་སྐྱ་པོ་ཡིན། ནར་མ་སོན་པའི་རྒྱང་གི་སྤུ་ཁ་སྲབ་ལ་སེར་སྐྱ་ཡིན་པ་དང་ཁུ་སྤུ་ཙུང་ཟད་རེང་། ལོ་རྗེས་མའི་དབྱར་ཁར་སྤུ་བརྗེས་རྗེས་སྤུ་མདོག་ནི་དར་མའི་མདོག་དང་འདྲ་མཚུངས་ཡིན།

སྐྱེ་ཁམས་གོམས་གཤིས། རྒྱང་ནི་ས་མཐོའི་སྲོག་ཆགས་ཤིག་ཡིན་པ་དང་། ས་བབ་མཐོ་ཚད་སྨི3600—5400བར་གྱི་ས་མཐོར་འཚོ་སྡོད་བྱེད་ཀྱིན་ཡོད། ཁྱུ་བྱས་ནས་འཚོ་ཞིང་། མང་ཆེ་བར་ཁ་གྲངས5—6བར་གྱིས་གྲུབ་ཡོད་པ་དང་། སྐབས་འགར་ཁ་གྲངས15ཟིན་གྱི་ཡོད། དཔྱིད་ཀ་དང་དབྱར་དུས་སུ་ཁ་གྲངས15ཡན་གྱི་ཁྱུ་ཚོགས་ཧ་ཅང་ཤུང་ཤུང་རེད། རྒྱང་གི་འགྲོ་སྟངས་ནི་རྒྱང་ཕོ་སྔོན། རྒྱང་ཕྲུག་དཀྱིལ་དང་། རྒྱང་མོ་མཇུག་ཏུ་ཡོད། རྒྱང་འགྲོ་སའི་ལམ་བུ་ནི་མངོན་གསལ་དོད་པའི་སྲོག་ཆགས་ཀྱི་ལམ་བུ་ཞིག་ཡིན་ཞིང་། དེ་བརྒྱུད་པའི་ས་ཆར་གཅིན་དང་རྟུག་མང་པོ་ཡོད་པས་དེའི་འགྲུལ་སྐྱོད་ཀྱི་ལམ་བུ་འབྱེད་སླ་བ་རེད། རྒྱང་ཆུ་ལ་རྐྱལ་ཐུབ་པ་དང་ཆུ་ཐྲན་ནང་དུ་ལུས་འཁྲུད་པར་དགའ། ཁ་ཟས་ནི་ས་མཐོའི་རྩྭ་ཤིང་ཡིན་པས་ཉིན་ཤས་ལ་ཆུ་མ་འཐུང་ཡང་ཆོག ཟླ5པའི་ཟླ་དཀྱིལ་ནས་བཟུང་རྒྱང་གིས་སྤུ་བརྗེ་འགོ་ཚུགས་པ་དང་། ཟླ8པའི་ཟླ་དཀྱིལ་བར་སྤུ་གསར་བར་ཡོངས་སུ་བརྗེས་ཟིན། དེ་ནས་ལུས་སྟོབས་རྒྱས་འགོ་ཚུགས་ནས་སྐྱུས་སྤོའི་ཁྲབ་ཁོངས་རིམ་བཞིན་རྒྱ་ཆེར་བཏང་སྟེ་སྟོན་ཁའི་མཇུག་ཏུ་ཁྱུ་ཚོགས་བྱས་ནས་འཚོ་བ་སྐྱེལ་གྱིན་ཡོད། མཐོང་ཆོར་དང་རྣ་ཤེས། སྣ་ཤེས་ཚང་མ་རྣོན་པོ་ཡིན་ལ། མཐོང་ཆོར་དང་རྣ་དབང་ལྷག་ཏུ་རྣོན་པོ་ཡིན། སྐྱེ་འཕེལ་དུས་ཚོད7—8པའི་བར་དུ་ཡིན་ལ། རྒྱང་ཕོ་བར་དུ་རྒྱང་མོ་རྩོད་རེས་ཀྱི་འཐབ་རྩོད་ཛ་དྲག་ཆེ་བ་དང་། ཕན་ཚུན་ལ་སོ་བཏབ་ཅིང་། ལུས་སྟེང་དུ་རྒྱུན་དུ་རྨ་ཁ་མངོན་གསལ་བཞག་ཡོད། མངལ་སྦྲུམ་པའི་དུས་ཚོད་ནི་ཉིན350ཡས་མས་ཡིན་པ་དང་། ཟླ6—7པའི་བར་རྒྱང་ཕྲུག་བཙའ་བཞིན་ཡོད། རྒྱང་མ་རེར་ཕྲུ་གུ1རེ་བཙའ་བཞིན་ཡོད།

ས་ཁམས་ཁྱབ་ཚུལ། མདོ་དབུས་མཐོ་སྒང་དུ་ཡོད་པའི་དམིགས་བསལ་གྱི་རིགས་ཡིན། རྒྱལ་ནང་དུ་གཙོ་བོར་མཚོ་སྔོན་དང་ཀན་སུའུ། ཞིན་ཅང་། བོད་ལྗོངས། སི་ཁྲོན་བཅས་སུ་ཁྱབ་ཡོད།

སྲུང་སྐྱོབ་རིམ་པ། རྒྱལ་ཁབ་ཀྱི་རིམ་པ I གཙོ་གནད་སྲུང་སྐྱོབ་བྱ་བའི་རི་སྐྱེས་སྲོག་ཆགས་དང་། ཀྲུང་གོའི་སྐྱེ་དངོས་སྣ་མང་རང་བཞིན་གྱི་མིང་ཐོ་དམར་པོ་ལས་འཛིག་ཉེན་ཆེ་བའི་རིགས་ཡིན། (NT)

食肉目 CARNIVORA
猫　科 Felidae

24. 兔狲 *Otocolobus manul*
英文名：Pallas's Cat

形态特征:体型较粗而肥，体重 3—4 千克。耳短圆形，两耳相距较远。身上毛长而密，绒毛丰厚。青海境内的兔狲有两种体色，一种背面沙黄色，背毛基部浅灰色，上面锈棕色，尖端黄白色；另一种背面青灰色，背毛基部浅灰色，毛尖黑褐。背中线棕黑色，体后部有数条隐暗的黑色细横纹。头部灰色，带有一些黑斑，眼内角白色。颊部有两条细黑纹，下颌黄白色。体腹面乳白色，颈下方和前肢之间浅褐色，四肢颜色较背部淡些，亦有 2—3 条短而模糊的黑色横纹。尾粗而浑圆，有 6—8 条黑色斑纹，尖端黑色。幼兽身上横纹显著，宽而长，尾上有明显的 6 条环纹。

生态习性：兔狲主要栖息在荒漠草原或丘陵地区，常单独栖居，在岩石裂缝或石块下面筑巢，也会利用旱獭的旧洞，巢穴通路弯曲，深 2.3 米左右。夜行性，多在黄昏开始活动，冬季食物缺乏时白天也出来觅食。视觉和听觉发达，遇危险时迅速逃窜或隐蔽在临时的土洞中。叫声似家猫，但性情较粗野。食物以鼠类为主，包括高原鼢鼠、长尾仓鼠、藏仓鼠、小家鼠等，有时也捕食雉类，如蓝马鸡、环颈雉、石鸡、高原山鹑等。繁殖期在 1—2 月，雄性之间常发生争斗。怀孕雌性在 4 月底或 5 月初生产，通常每胎产仔 2—4 只，幼仔 2 岁性成熟。

地理分布：国内主要分布于青海、西藏、新疆、甘肃、山西、内蒙古、四川和宁夏。

保护级别：国家Ⅱ级重点保护野生动物；中国生物多样性红色名录 - 濒危（EN）。

ཤ་གཟན་སྲེ་ཁག CARNIVORA
ཞི་ལའི་ཚན་པ། Felidae

24. རི་བྱི། *Otocolobus manul*
དབྱིན་ཡིག་གི་མིང་། Pallas's Cat

གཟུགས་དབྱིབས་ཁྱད་ཆོས། གཟུགས་གཞི་ཙུང་སྒོམ་ཞིང་རྒྱུགས་ལ་ སླེད་ཚད་སྟོང་ཁེ3—4ཡིན། རྣ་ཅོག་གཉིས་ཐུང་ཞིང་སྒོར་མོ་ཡིན། རྣ་གཉིས་ཀྱི་བར་ཐག་རིང་། ལུས་ཀྱི་སྤུ་རིང་ཞིང་མཐུག་པོ་ཡིན། མཚོ་སྔོན་ས་ཁོངས་ནང་གི་རི་བྱི་ལ་ཁ་དོག་རིགས་གཉིས་ཡོད་དེ། གཅིག་གི་རྒྱབ་སྤུ་ནི་སེར་སྐྱ་དང་། རྒྱབ་སྤུ་ཡི་སྤུ་རྨང་ནི་སྐྱ་མདོག་ཡིན་ལ་སྤུ་རྩེ་ནི་སེར་དཀར་ཡིན། ཅིག་ཤོས་ཀྱི་རྒྱབ་སྤུ་ནི་ལྗོ་སྐྱ་ཡིན་པ་དང་སྤུ་རྨང་སྐྱ་པོ་ཡིན་ལ། སྤུ་རྩེ་ནི་ཁམ་ནག་ཡིན། རྒྱབ་ཐིག་སྨུག་ནག་ཡིན་ལ་ལུས་སྨད་ན་གསལ་ལ་མི་གསལ་བའི་འཕྲེད་རིས་ཕྲ་མོ་ཡོད། མགོ་སྐྱ་པོ་ཡིན་ལ་སྐྱ་བོའི་ནང་དུ་ནག་ཐིག་རེ་ཡོད། མིག་ནང་དཀར་པོ་ཡིན། མཁུར་ཚོས་ལ་ནག་རིས་གཉིས་ཡོད་ལ། མ་ནེ་སེར་དཀར་ཡིན། ལུས་པོའི་གསུས་ངོས་དཀར་པོ་དང་སྐེ་འོག་དང་མདུན་སུག་གི་ཁ་དོག་སྨུག་སྐྱ་ཡིན། སུག་བཞི་ཡི་ཁ་དོག་ནི་རྒྱབ་ངོས་ལས་ཡང་ལ། དེའི་སྟེང་དུ་ཐུང་ཞིང་རབ་རིབ་ཡིན་པའི་

འཕྲེད་རིས་ནག་པོ2—3ཡོད། ཇ་མ་སྒྲོམ་ཞིང་སྔོར་ལ་ནག་ཐིག6—8ཡོད་པའི་རྩེ་མོ་ནག་པོ་ཡིན། ཕྲུ་གུའི་ལུས་སྟེང་དུ་འཕྲེད་རིས་མངོན་གསལ་ཡིན་པ་དང་། ཞིང་ཆེ་ལ་རིང་བ། ཇ་མའི་སྟེང་དུ་སྔོར་རིས་མངོན་གསལ6ཡོད།

སྐྱེ་ཁམས་གོམས་གཤིས། རི་བྱི་རྒྱུན་དུ་བྱེ་ཐང་དང་རྩྭ་ཐང་ངམ་རི་མ་ཐང་དུ་འཚོ་སྡོད་བྱེད་པ་དང་། རྒྱུན་དུ་ཁྱིར་རྐྱང་དུ་སྡོད་པ་ཡིན། ཐག་རྡོའི་གས་སྤུབས་སམ་རྡོའི་འོག་ཏུ་ཚང་བཟོ་བ་དང་། གཞན་ཡང་འབྱི་བ་ཡི་ཐག་ཕུག་རྙིང་པ་བཀོལ་བ་ཡིན། ཚང་ཁུང་གི་འགྲོ་ལམ་འཁྱོག་པོ་བཟོས་ཡོད། ཟབ་ཚད་ལ་སྨི2.3ཡས་མས་ཡོད། རི་བྱི་ནི་མཚན་སྐྱོད་རང་བཞིན་གྱི་སྲོག་ཆགས་ཡིན་པས་མང་ཆེ་བ་ས་སྲོད་ཙམ་ལ་འགུལ་སྐྱོད་བྱེད་པ་དང་། དགུན་དུས་ཟས་རིགས་དཀོན་དུས་ཉིན་དཀར་ཡང་ཟན་འཚོལ་གྱིན་ཡོད། མིག་དབང་དང་ཐོས་ཚོར་ནུས་པ་ཆེ་བས་ཉེན་ཁ་དང་འཕྲད་ཚེ་མྱུར་དུ་ས་ཁུང་དུ་བྲོས་པའམ་ཡང་ན་གནས་སྐབས་སུ་ཡིབ་ནས་བསྡད་ཡོད། སྐད་ནི་ཁྱིམ་གྱི་བྱི་ལ་དང་འདྲ་མོད། འོན་ཀྱང་གཤིས་ཀ་ནི་རྩུབ་ཤས་ཆེ། ཟས་རིགས་ནི་བྱི་བ་གཙོ་བོ་ཡིན་པ་སྟེ། ས་མཐོའི་བྱི་བ་ལོང་ཅན་དང་། བྱི་བ་ཇ་རིང་ཅན། མཛོད་བྱི། བྱི་བ་ཆུང་ཆུང་སོགས་དང་། སྐབས་འགར་བྱ་དེའི་རིགས་ཟ་བ་དང་། དཔེར་ན་བྱ་དེ་སྔོན་པོ་དང་། བྱ་དེ་སྐེ་འཁོར། ཐག་བྱ། ས་མཐོའི་རི་སྲེག་སོགས་བཟའ་བཞིན་ཡོད། སྐྱེ་འཕེལ་དུས་ཚོད་ཟླ1—2བར་ཡིན། ཕོའི་བར་དུ་རྒྱུན་དུ་འཛིང་རེས་བྱེད་བཞིན་ཡོད། ཟླ4པའི་ཟླ་མཇུག་གམ་ཟླ5པའི་ཟླ་འགོར་མངལ་ཆགས་པའི་མོའི་རིགས་ལ་ཕྲུ་གུ་བཙའ་བཞིན་ཡོད། སྤྱིར་བཏང་དུ་མོ་རེར་ཕྲུ་གུ2—4བཙའ་བ་དང་ཕྲུ་གུ་ལོ2ཙམ་ནར་སོན་གྱིན་ཡོད།

ས་ཁམས་ཁྱབ་ཚུལ། རྒྱལ་ནང་དུ་གཙོ་བོར་མཚོ་སྔོན་དང་བོད་ལྗོངས། ཞིན་ཅང་། ཀན་སུའུ། རྦྱན་ཞི། ནང་སོག སི་ཁྲོན། ཉིང་ཞ་བཅས་སུ་ཁྱབ་ཡོད།

སྲུང་སྐྱོབ་རིམ་པ། རྒྱལ་ཁབ་ཀྱི་རིམ་པ II གཙོ་གནད་སྲུང་སྐྱོབ་བྱ་བའི་རི་སྐྱེས་སྲོག་ཆགས། ཀྲུང་གོའི་སྐྱེ་དངོས་སྣ་མང་རང་བཞིན་གྱི་མིང་ཐོ་དམར་པོ་ལས་འཇིག་ཉེན་ཆེ་བའི་རིགས་ཡིན།（EN）

25. 雪豹 *Panthera uncia*
英文名：Snow Leopard

形态特征：体长 1.2 米，体重 35—45 千克。头小而圆，尾粗长，约 1 米，略短或等于体长，尾毛长而柔软。腹毛较背毛长。冬夏毛密度及毛色差别不大。全身灰白色，满布黑斑。头部黑斑小而密；背部、体侧及四肢外缘形成不规则的黑环，越往体后黑环越大；背部及体侧黑环中间有几个小黑点；四肢外缘黑环内为灰白色，无黑点。在背部，由肩部开始，黑斑形成三道线直至尾根，后部的黑环边宽而大，至尾端最为明显，尾尖黑色。耳背灰白色，边缘黑色。鼻尖肉色或黑褐色，胡须黑白相间。颈下、胸部、腹部、四肢内侧及尾下部均为乳白色。

生态习性：雪豹是高山动物，夏季居住在海拔 3700—5300 米的山上，冬季一般随猎物下降到海拔 3000—3600 米。栖息环境包括高山裸岩、高山草甸、高山灌丛和山地针叶林林缘。巢穴设在岩石洞中或岩石下面的灌丛中，长年居住于同一巢穴。性情凶猛，然而在野外从不主动攻击人。行动敏捷机警，四肢矫健，善于跳跃。夜行性，上下山有一定路线，喜走山脊和溪谷，经常沿着踩出的小路行走。主要以岩羊为食，也捕食麝类、狍、野兔等。冬季有时出于饥饿，会闯入村舍盗食家畜。繁殖期在 1—3 月，怀孕期 98—99 天，一般在 5 月中旬至 6 月初产仔。

雪豹是比大熊猫更为稀有的濒危动物，也是豹属里唯一不会咆哮的物种。每年的 10 月 23 日是世界雪豹日，也叫全球雪豹日。

地理分布：国内主要分布于内蒙古、新疆、四川、云南、甘肃、青海和西藏。

保护级别：国家Ⅰ级重点保护野生动物；中国生物多样性红色名录 - 濒危（EN）。

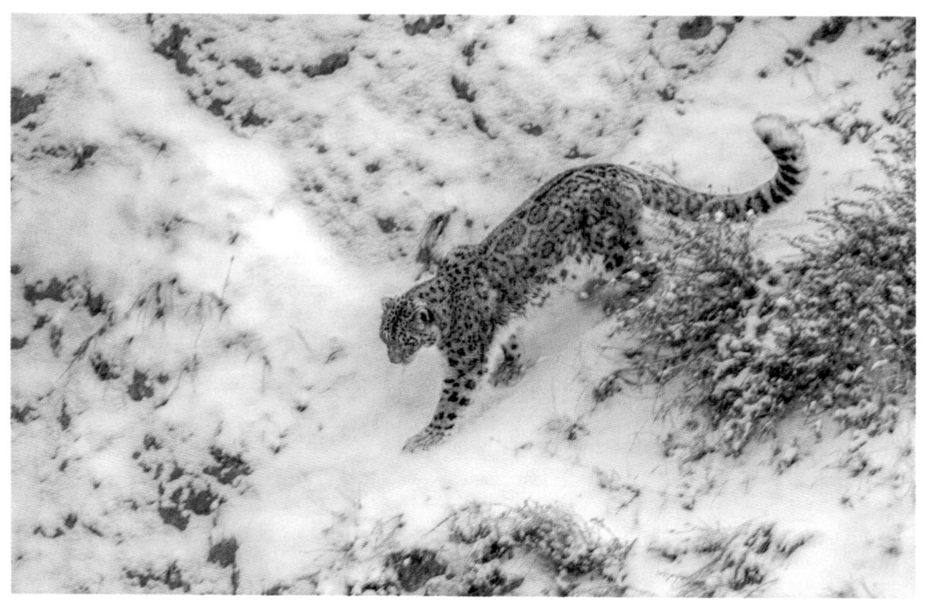

25. གསའ། *Panthera uncia*
དབྱིན་ཡིག་གི་མིང་། Snow Leopard

གཟུགས་དབྱིབས་ཁྱད་ཆོས། ལུས་པོའི་རིང་ཚད་ལ་སྨི1.2དང་ལྗིད་ཚད་ལ་སྤྱི་གྲ35—45ཡོད། མགོ་ཆུང་ལ་སྒོར་དབྱིབས་ཡིན། རྔ་མ་སྦོམ་ཞིང་རིང་བ་དང་། ཕལ་ཆེར་སྨི1ཙམ་ཡོད་ལ། ལུས་པོའི་རིང་ཚད་ལས་ཐུང་བའམ་ཡང་ན་རིང་བའང་ཡོད། རྔ་མའི་སྤུ་རིང་ཞིང་མཉེན་པ་དང་གསུས་སྤུ་ནི་རྒྱབ་སྤུ་ལས་རིང་། དབྱར་དགུན་གྱི་སྤུ་འདུས་ཚད་དང་སྤུ་མདོག་ལ་ཁྱད་པར་ཆེན་པོ་མེད། ལུས་པའི་མདོག་སྐྱ་སྐྱ་ཡིན། མགོའི་ནག་ཐིག་ཆུང་ལ་སྟུག་པ་དང་། རྒྱབ་དང་ལུས་པོའི་གཞོགས་གཉིས། སུག་བཞི་ཡི་ཕྱི་ངོས་བཅས་ལ་དབྱིབས་ངེས་མེད་ཀྱི་གདུབ་ནག་པོས་ཁྱབ་ཅིང་། རྗེ་ལྟར་ཕྱི་ཕྱོགས་ཡིན་ན་གདུབ་ནག་པོ་དེ་ལྟར་ཆེ་བ་ཡིན། དེའི་རྒྱབ་དང་ལུས་པོའི་གཞོགས་གཉིས་ཀྱི་གདུབ་ནག་པོའི་ཁྲོད་དུ་ནག་ཐིག་འགའ་ཡོད། སུག་བཞི་ཡི་ཕྱིའི་གདུབ་ནག་པོའི་ནང་གི་མདོག་ནི་དཀར་སྐྱ་ཡིན་ལ་ནག་ཐིག་མེད། རྒྱབ་ཕྱོགས་ཀྱི་ཐྲག་མགོ་ནས་རྔ་མའི་

བར་དུ་ནག་ཐིག་ནི་ཐིག་སྐོར་གསུམ་དུ་གྲུབ་ལ་ཕྱི་མཐའ་ཡི་ཐིག་སྐོར་ཆེ་ཞིང་མངོན་གསལ་ཡིན། མཇུག་མའི་རྩེ་མོ་ནག་པོ་ཡིན། རྣ་རྒྱབ་ནི་དཀར་སྐྱ་ཡིན་ལ་མཐའ་ནི་ནག་པོ་ཡིན། སྣ་རྩེ་ནི་ཤ་མདོག་དང་ཡང་ཁམ་ནག་ཡིན། སྨ་ར་ནི་དཀར་ནག་འདྲེས་མ་ཡིན། སྐེ་ཡི་འོག་དང་བྲང་ཁ། གསུས་ཁ། ཡན་ལག་བཞིའི་ནང་ངོས་དང་ལུས་སྨད་བཅས་ཚང་མ་དཀར་པོ་ཡིན།

སྐྱེ་ཁམས་གོམས་གཤིས། གསའ་ནི་རི་མཐོའི་སྲོག་ཆགས་ཤིག་ཡིན་པ་དང་། དབྱར་དུས་མཚོ་ངོས་ལས་མཐོ་ཚད་སྨི3700—5300བར་གྱི་རི་སྟེང་དུ་འཚོ་སྤྱོད་བྱེད་ཀྱིན་ཡོད། དགུན་དུས་སྤྱིར་བཏང་ཇོན་གཟན་ཛེ་ཞུང་དུ་ཕྱིན་པ་དང་བསྟུན་ནས་མཚོ་ངོས་ལས་མཐོ་ཚད་སྨི3000—3600བར་བབས་ནས་འཚོ་བཞིན་ཡོད། འཚོ་གནས་ཁོར་ཡུག་གི་ཁོངས་སུ་རི་མཐོའི་བྲག་ས་དང་རི་མཐོའི་སྤང་ལྗོངས། རི་མཐོའི་སྤོང་ཐང་ནགས་ཚལ། རི་ཁྲུལ་གྱི་ལོ་མ་ཁབ་ཅན་གྱི་ནགས་ཚལ་བཅས་ཚུད་ཡོད། ཚང་ནི་བྲག་རྫའི་བྲག་ཕུག་གམ་བྲག་རྫའི་འོག་གི་སྤོང་ཐང་ཁྲོད་དུ་བཅོས་ཡོད་པ་དང་། ཡུན་རིང་ལ་ཚང་གཅིག་གི་ནང་དུ་བསྡད་ཡོད། གཤིས་རྒྱུད་རྩུབ་མོད། འོན་ཀྱང་ཕྱི་རོལ་ནས་རང་འགུལ་དང་གཞན་ལ་རྒོལ་བ་མི་བྱེད། བདེ་ལྷག་འཁྲུག་ཅིང་རྐང་ལག་ཡང་ཞོར་ཆེ། མཚན་བགྲོད་རང་བཞིན་གྱི་རི་ལས་འབབ་དུས་ལམ་ཐིག་ངེས་ཅན་ཞིག་ཡོད་དེ། རི་ཟུར་དང་བྲག་རོང་དུ་འགྲོ་བར་དགའ་ཞིང་། རྒྱུན་དུ་སྔོ་བཞིན་པའི་ལམ་ཤུལ་བརྒྱུད་ནས་འགྲོ་བཞིན་ཡོད། གཙོ་བོར་གནའ་བ་ཁ་ཟས་སུ་བྱེད་པ་དང་། སྤྲ་བའི་རིགས་དང་རི་བོང་སོགས་ཟ་བ་རེད། དགུན་དུས་ལྟོགས་པའི་རྐྱེན་གྱིས་སྡེ་བའི་ནང་དུ་ཕྱིན་ནས་སྒོ་ཕྱུགས་གསོད་པའང་མཐོང་རྒྱུ་ཡོད། སྐྱེ་འཕེལ་དུས་ཚོད་ཟླ1—3བར་ཡིན། མངལ་སྦྲུམ་པའི་དུས་ཚོད་ནི་ཉིན98—99ཡིན། སྤྱིར་བཏང་དུ་ཟླ5པའི་ཟླ་དཀྱིལ་ནས་ཟླ6པའི་ཟླ་འགོར་གསའ་ཕྲུག་བཙའ་བཞིན་ཡོད།

གསའ་ནི་ངོམ་ཁྲ་ལས་ཧ་ཅང་དཀོན་པའི་འཛིག་ཉེན་ཆེ་བའི་སྲོག་ཆགས་ཤིག་ཡིན་ལ། དེ་ནི་གཟིག་རིགས་ཀྱི་ཁོངས་ལས་ངར་སྐད་རྒྱག་མི་ཤེས་པའི་སྲོག་ཆགས་ཤིག་ཀྱང་རེད། ལོ་རེའི་ཟླ10ཚེས23ཉིན་ནི་འཛམ་གླིང་གི་གསའ་ཡི་ཉིན་མོ་ཡིན་ལ་གོ་ལ་ཧྲིལ་པོའི་གསའ་ཡི་ཉིན་མོ་འང་ཟེར།

ས་ཁམས་ཁྱབ་ཚུལ། རྒྱལ་ནང་དུ་གཙོ་བོར་ནང་སོག་དང་ཞིན་ཅང་། སི་ཁྲོན། ཡུན་ནན། ཀན་སུའུ། མཚོ་སྔོན། བོད་ལྗོངས་བཅས་སུ་ཁྱབ་ཡོད།

སྲུང་སྐྱོབ་རིམ་པ། རྒྱལ་ཁབ་ཀྱི་རིམ་པ I གཙོ་གནད་སྲུང་སྐྱོབ་བྱ་བའི་རི་སྐྱེས་སྲོག་ཆགས་དང་། ཀུང་གོའི་སྐྱེ་དངོས་སྣ་མང་རང་བཞིན་གྱི་མིང་ཐོ་དམར་པོ་ལས་འཛིག་ཉེན་ཆེ་བའི་རིགས་ཡིན།（EN）

26. 豹猫 *Prionailurus bengalensis*
英文名：Leopard Cat

形态特征：个体大小与家猫相似，尾长，一般超过或略小于头体长之半，但大于后足长的 2 倍。毛被长短适中。色型变异大，在同一地区往往会呈现出不同体色。全身草黄色或浅棕色，背部有棕黄褐色斑纹。尾色与体背同色，其上有浅黑色半环，尾尖黑褐色。上唇白色，鼻子中间棕色，鼻两侧靠近上眼睑附近有两条显著的白色纵条纹。耳背具白斑，下体淡白或污白色，并杂有显著的黑色大斑。四肢色调与背部一致，其上也有棕色斑纹。

生态习性：豹猫是一种林栖兽类，生活于多种类型的林带。豹猫的窝穴多在树洞、土洞、石块下或石缝中。攀爬能力强，在树上活动灵敏自如。夜行性，晨昏活动较多。独栖或成对活动。善游水，喜在水塘边、溪沟边、稻田边等近水处活动。主要以啮齿类、兔类、蛙类、蜥蜴、蛇类、小型鸟类、昆虫等为食，冬、春季节也常到村舍盗食家禽。雌性妊娠期 60—70 天，5—6 月产仔，每年 1 胎，每胎 2—4 仔，以 2 仔居多。

地理分布：国内主要分布于安徽、福建、广东、广西、海南、贵州、湖北、湖南、江西、四川、重庆、香港、天津、台湾、云南、浙江、江苏、北京、河北、黑龙江、河南、吉林、辽宁、内蒙古、山东、山西、青海、甘肃、宁夏、陕西和西藏。

保护级别：国家Ⅱ级重点保护野生动物；中国生物多样性红色名录 - 易危（VU）。

26. རི་ཞུམ། *Prionailurus bengalensis*
དབྱིན་ཡིག་གི་མིང་། Leopard Cat

གཟུགས་དབྱིབས་ཁྱད་ཆོས། རི་ཞུམ་གྱི་ཆེ་ཆུང་ནི་ཁྱིམ་གྱི་བྱི་ལ་དང་འདྲ་ལ། ཛ་མ་རིང་བས་སྤྱིར་བཏང་དུ་གཟུགས་པོའི་རིང་ཐུང་གི་ཕྱེད་ཀ་ལས་ཆུང་བའམ་བགྲལ་མོད། འོན་ཀྱང་རྒྱབ་སུག་གི་རིང་ཚད་ལས་ལྷབ2ཀྱིས་ཆེ། སྨྱུ་རིང་ཐུང་རན་པ་དང་ཁ་དོག་འགྱུར་ཆེ་ཞིང་ས་ཁུལ་གཅིག་ཏུ་རྟག་ཏུ་རིགས་མི་འདྲ་བའི་ཁ་དོག་མངོན་པ་རེད། ལུས་ཡོངས་ཀྱི་མདོག་ནི་སེར་པོའམ་ཟྷ་མདོག་ཡིན་ཞིང་། རྒྱབ་ཏུ་ཟྷ་མདོག་གི་ཁྲ་ཐིག་ཡོད། ཛ་མའི་ཁ་དོག་ནི་ལུས་པོའི་རྒྱབ་ངོས་དང་གཅིག་མཚུངས་ཡིན། ཡ་མཆུ་ཡི་མདོག་དཀར་པོ་དང་སྣ་ཡི་དཀྱིལ་ཟྷ་མདོག་ཡིན་པ་དང་སྣ་ཡི་འགྲམ་གཉིས་ལས་མིག་སྤྱིབས་ཀྱི་ཉེ་འགྲམ་དུ་མངོན་གསལ་དོད་པའི་ཐིག་རིས་དཀར་པོ་གཉིས་ཡོད། རྣ་རྒྱབ་ཏུ་དཀར་རིས་ཡོད་ལ། འོག་གཟུགས་སྐྱ་དཀར་རམ་ཡང་ན་དཀར་པོ། ད་དུང་མངོན་གསལ་གྱི་ནག་ཐིག་ཡོད། རྐང་ལག་གི་ཁ་དོག་ནི་རྒྱབ་དང་གཅིག་མཚུངས་ཡིན་

ཞིང་། དེའི་སྟེང་དུའང་རྫ་མདོག་གི་ཁྲ་ཐིག་ཡོད།

སྐྱེ་ཁམས་གོམས་གཤིས། རི་ཞྭམ་ནི་ནགས་སུ་འཚོ་བའི་སྲོག་ཆགས་ཤིག་ཡིན་ཞིང་། རིགས་མི་འདྲ་བའི་ནགས་ཁུལ་དུ་འཚོ་སྡོད་བྱེད་ཀྱིན་ཡོད། རི་ཞྭམ་གྱི་ཚང་མང་ཆེ་བ་ཤིང་ཁུང་དང་ས་ཕུག རྡོ་ཕོག་བཅས་ཀྱི་འོག་དང་ཡང་ན་རྡོ་སྦུབས་སུ་གནས་ཡོད། གཙོ་བོར་ས་ཐོག་ཏུ་འཚོ་བ་དང་རི་འཛེག་ནུས་པ་ཆེ་ལ། སྔོང་མགོར་ནས་འགུལ་སྐྱོད་ཀྱི་ཚོར་བ་སྐྱེན་པོ་ཡིན། རི་ཞྭམ་ནི་མཚན་བསྐྱོད་རང་བཞིན་གྱི་རི་སྐྱེས་སྲོག་ཆགས་ཡིན་པས་ཞོགས་པ་དང་དགོང་མོ་འགུལ་སྐྱོད་བྱེད་པ་ཉུང་མང་། ཁེར་འཚོའམ་ཡང་ན་ཁྱུ་བྱས་ནས་འགུལ་སྐྱོད་བྱེད་པ་དང་ཆུ་ལ་རྐྱལ་བར་དགའ་ཞིང་། ཆུ་རྫིང་གི་འགྲམ་དང་། ཆུ་ཐུན་གྱི་མཐའ། འབྲས་ཞིང་སོགས་ཀྱི་འགྲམ་དུ་འགུལ་སྐྱོད་བྱེད་པར་དགའ། གཙོ་བོར་སོ་མི་བརྗེ་བའི་རིགས་དང་རི་བོང་གི་རིགས། སྦལ་བའི་རིགས། ཉ་དབྱི། སྦྲུལ་གྱི་རིགས། འདབ་ཆགས་ཀྱི་རིགས། འབུ་སྲིན་གྱི་རིགས་སོགས་ཟ་བ་དང་། དགུན་ཁ་དང་དཔྱིད་ཀའི་དུས་སུ་རྒྱུན་དུ་གྲོང་སྡེའི་ནང་དུ་ཁྱིམ་བྱ་རྐུ་བར་འགྲོ་བཞིན་འདུག མོ་ལ་མངལ་ཆགས་པའི་ཉིན60—70བར་དང་། ཟླ5—6པའི་བར་ལ་ཕྲུ་གུ་བཙའ་བཞིན་ཡོད། མོ་རེར་ཕྲུ་གུ1བཙའ་བ་དང་། བཙའ་ཐེངས་རེར་ཕྲུ་གུ2—4བར་བཙའ་བཞིན་ཡོད་ལ། མང་ཆེ་བ་ཕྲུ་གུ2བཙའ་བ་རེད།

ས་ཁམས་ཁྱབ་ཚུལ། རྒྱལ་ནང་དུ་གཙོ་བོར་ཨན་ཧུའི་དང་ཐྲུའུ་ཅན། ཀོང་ཏུང་། ཀོང་ཞི། ཧའི་ནན། ཀུའེ་ཀྲོའུ། ཧུའུ་པེ། ཧུའུ་ནན། ཅང་ཞི། སེ་ཁྲོན། ཁྲུང་ཆིང་། ཤང་ཀང་། ཐེན་ཅིན། ཐའེ་ཝན། ཡུན་ནན། ཀེ་ཅང་། ཅང་སུའུ། པེ་ཅིང་། ཧོ་པེ། ཧེ་ལུང་ཅང་། ཧོ་ནན། ཅི་ལིན། ལེའོ་ཉིང་། ནང་སོག ཧྲན་ཏུང་། ཧྲན་ཞི། མཚོ་སྔོན། ཀན་སུའུ། ཉིང་ཞ། ཧྲའན་ཞི། བོད་ལྗོངས་བཅས་སུ་ཁྱབ་ཡོད།

སྲུང་སྐྱོབ་རིམ་པ། རྒྱལ་ཁབ་ཀྱི་རིམ་པ II གཙོ་གནད་སྲུང་སྐྱོབ་བྱ་བའི་རི་སྐྱེས་སྲོག་ཆགས། ཀྲུང་གོའི་སྐྱེ་དངོས་སྣ་མང་རང་བཞིན་གྱི་མིང་ཐོ་དམར་པོ་ལས་འཇིག་ཉེན་གྱི་རིགས་ཡིན།（VU）

27. 豹 *Panthera pardus*

英文名：Leopard

形态特征：体形低矮强壮，头型圆，耳壳短，腿较短。尾长超过头体长的一半。雄豹头体长为91—191厘米，雌豹为95—123厘米。虹膜为黄色，在强光照射下瞳孔收缩为圆形，在黑夜则发出闪耀的磷光。犬齿发达，舌头表面长着许多角质化的倒生小刺。嘴的侧上方各有5排斜形的胡须。额部、眼睛之间和下方以及颊部都布满了黑色的小斑点。身体毛色鲜艳，上体底色棕黄或灰黄色，体背为杏黄色，颈下、胸、腹和四肢内侧为白色，耳背黑色，有一块显著的白斑，尾尖黑色。全身都布满了黑色的斑点，头部、四肢、尾上斑纹细小，背部斑纹大，形状多变。

生态习性：豹的巢穴固定，多筑在树丛、草丛或岩洞中。夜间活动，动作轻捷灵敏，善攀缘，白天隐匿卧于密林的枝杈上，伺机攻击猎物。营独居生活，在食物丰富的地方，活动范围较固定；食物缺乏时，则游荡数十公里觅食。雄性的领域比雌性大，可达 40 平方公里，通常会与多只雌豹的领地相互重叠。猎物包括鬣羚、麝类、岩羊、兔类、禽类等。妊娠期约 3 个月，每胎约产 2 仔。在野外，雌豹的生育年龄能一直持续到 16 岁。

地理分布：国内主要分布于山西、河南、黑龙江、浙江、北京、河北、内蒙古、吉林、江苏、安徽、福建、云南、西藏、陕西、甘肃、青海、宁夏、天津、重庆、湖南、湖北、广东、广西、江西、四川和贵州。

保护级别：国家Ⅰ级重点保护野生动物；中国生物多样性红色名录－濒危（EN）。

27. གཟིག *Panthera pardus*
དབྱིན་ཡིག་གི་མིང་། Leopard

གཟུགས་དབྱིབས་ཁྱད་ཆོས། གཟུགས་དབྱིབས་དམའ་ཞིང་སྐྱོབས་ཆེ་བ་དང་། མགོ་དབྱིབས་སྒོར་མོ་ཡིན། རྣ་ཤུབས་ཐུང་བ་དང་སུག་བཞི་ཅུང་ཐུང་། རྔ་མའི་རིང་ཚད་ལུས་གཟུགས་ཡོངས་ཀྱི་ཕྱེད་ཀ་ལས་བརྒལ། ཕོ་གཟིག་གི་རིང་ཚད་ལི་སྨི91—191དང་། མོ་གཟིག་གི་རིང་ཚད་ལ་ལི་སྨི95—123ཡིན། སྤྱི་མོ་ནི་མདོག་སེར་པོ་ཡིན་ཞིང་། འོད་འཕྲོས་ན་མིག་འབྲས་སྒོར་དབྱིབས་སུ་སྐྱུམ་པ་དང་། མཚན་མོ་མིག་ཟུང་ལས་འོད་ལྷང་འཕྲོ། མཆེ་བ་རྒྱས་པ་དང་། ལྕེ་ཡི་ཕྱི་ངོས་ལ་ཚེར་རིས་མང་པོ་སྐྱེས་ཡོད། ཁ་འགྲམ་དུ་འཁྱོག་ཐིག་ལྡ་ཅན་གྱི་སྨ་ར་ཡོད། དཔྲལ་བའི་བར་དང་མིག་གི་བར། འགྲམ་པ་ཚང་མར་ཁྲ་ཐིག་ནག་པོ་ཡོད། ལུས་ཀྱི་སྤུ་མདོག་མཛེས་པ་དང་། ཁ་དོག་སེར་པོའམ་སྐྱ་སེར་ཡིན་ལ། ལུས་རྒྱབ་ནི་ཁམ་སེར་ཡིན། སྐེ་འོག་དང་བྲང་ཁ། གསུས་པ། སུག་བཞིའི་ནང་གཞོགས་དཀར་པོ་ཡིན་ལ། རྣ་རྒྱབ་ནག་པོ་ཡིན་ལ་དེའི་སྟེང་དཀར་ཁྲ་མདོན་

གསལ་ཞིག་ཡོད། ཇ་རྩེ་ནག་པོ་ཡིན། ལུས་པོ་ཡོངས་ལ་ཁྲ་ཐིག་ནག་པོ་ཡོད་ཅིང་། མགོ་དང་ཡན་ལག་བཞི། ཇ་མའི་སྟེང་གི་ཁྲ་རིས་ཆུང་བ་དང་། རྒྱབ་ཀྱི་ཁྲ་རིས་ཆེ་ཞིང་བཟོ་ལྟ་ལ་འགྱུར་ལྡོག་ཅུང་ཆེ།

སྐྱེ་ཁམས་གོམས་གཤིས། གཟིག་གི་ཚང་གནས་གཏན་འཇགས་ཡིན་པ་དང་། མང་ཆེ་བ་ནགས་ཚལ་དང་། རྩྭ་ར། བྲག་ཕུག་བཅས་སུ་བཟོས་ཡོད། མཚན་མོར་རྒྱུ་འགྲུལ་བྱེད་སྐབས་བདེ་ལྷག་འཁྲུག་ཅིང་ལྡེམ་སྒྱུར་ལྡན་པ་དང་། བྲག་ལ་འཛེག་པར་ཤིན་ཏུ་མཁས། ཉིན་མོར་ནགས་ཚལ་སྟུག་པོའི་ཡལ་གའི་སྟེང་དུ་ཉལ་ནས་ཇོན་དངོས་ལ་ཤོལ་བར་བྱེད། ཁེར་རྐྱང་དུ་འཚོ་བ་སྐྱེལ་ཞིང་། ཟས་རིགས་ཕུན་སུམ་ཚོགས་པའི་ས་ཆར་འགྲུལ་སྐྱོད་ཀྱི་ཁྱབ་ཁོངས་ཅུང་གཏན་འཇགས་ཡིན། ཟས་རིགས་མི་འདང་བའི་སྐབས་སུ། སྤྱི་ལོ་བཅུ་ཕྲག་ལྔག་ལ་འཁྱམས་ནས་ཟན་འཚོལ་བ་རེད། ཕོ་རིགས་ཀྱི་ཁྱབ་ཁོངས་ནི་མོ་རིགས་ལས་ཆེ་སྟེ། སྤྱི་ལེ་གྲུ་བཞི་མ40ལ་སླེབས་ཐུབ། སྤྱིར་བཏང་དུ་མོ་གཟིག་མང་པོ་ཡོད་པའི་མངའ་ཁོངས་དང་ཕན་ཚུན་སྦྲེལ་ནས་ཡོད། ཇོན་དངོས་ཀྱི་ཁོངས་སུ་གཙོད་དང་སླ་བ། གནའ་བ། རི་བོང་སོགས་སྲོག་ཆགས་ཚུད་ཡོད། མངལ་སྦྲུམ་པའི་དུས་ནི་ཟླ3ཙམ་ཡིན་ལ། མངལ་ཐེངས་རེར་ཕལ་ཆེར་ཕྲུ་གུ2རེ་བཙའ་ཐུབ། ཕྱི་རོལ་ཡུལ་དུ་འཚོ་སྐབས། མོ་གཟིག་གི་ཕྲུ་གུ་བཙའ་བའི་ལོ་ཚད་དེ་ལོ16བར་རྒྱུན་འཁྱོངས་བྱེད་ཐུབ་ཀྱིན་ཡོད།

ས་ཁམས་ཁྱབ་ཚུལ། རྒྱལ་ནང་དུ་གཙོ་བོར་ཧྲན་ཞི་དང་ཧོ་ནན། ཧེ་ལུང་ཅང་། ཀྲི་ཅང་། པེ་ཅིང་། ཧོ་པེ། ནང་སོག ཅི་ལིན། ཅང་སུའུ། ཨན་ཧུའེ། ཐྲུ་ཅན། ཡུན་ནན། བོད་ལྗོངས། ཧྲའན་ཞི། གན་སུའུ། མཚོ་སྔོན། ཉིང་ཞ། ཐེན་ཅིན། ཁྲུང་ཆིང་། ཧུའུ་ནན། ཧུའུ་པེ། གོང་ཏུང་། གོང་ཞི། ཅང་ཞི། སི་ཁྲོན། ཀུའེ་ཀྲོའུ་བཅས་ལ་ཁྱབ་ཡོད།

སྲུང་སྐྱོབ་རིམ་པ། རྒྱལ་ཁབ་ཀྱི་རིམ་པ I གཙོ་གནད་སྲུང་སྐྱོབ་བྱ་བའི་རི་སྐྱེས་སྲོག་ཆགས་དང་། གྲུང་གོའི་སྐྱེ་དངོས་སྣ་མང་རང་བཞིན་གྱི་མིང་ཐོ་དམར་པོ་ལས་འཇིག་ཉེན་ཆེ་བའི་རིགས་ཡིན། (EN)

28. 荒漠猫 *Felis bieti*

英文名：Chinese Mountain Cat

形态特征:体长 61—68 厘米，较家猫大，尾长 30 厘米左右，体重 4—8 千克。身上毛长而密，绒毛丰厚。体背棕灰色或沙黄色，背中线不明显。头部与体背颜色一致，上唇黄白色，胡须白色。鼻孔周围和鼻梁棕红色。两眼内角各有一条白纹，额部有三条暗棕色纹。耳背面棕色，边缘棕褐色，耳尖生有一撮棕色簇毛，耳内侧毛长而密，呈棕灰色。眼后和颊部有二横列棕褐色纹。四肢外侧各有 4—5 条暗棕色横纹，四肢内侧和胸、腹面淡沙黄色。尾末梢部有 5 个黑色半环，尾尖黑色。

生态习性：荒漠猫栖息在海拔 3300 米左右的荒漠草原、丘陵地区和山地，常单独栖居，在岩石裂缝或石块下面筑巢。黄昏开始活动，常在夜间猎食，白天躲在洞中休息。视觉、嗅觉和听觉发达。食物以鼠类为主，也捕食鸟类，冬季食物缺乏时常潜入村舍盗食家禽。在离洞穴 100 米外排泄，并用土掩埋起来，以防天敌发现。繁殖期在 1—2 月间，5 月产仔，每胎产 2—4 仔。

地理分布：中国特有种。分布于青海和四川。

保护级别：国家 I 级重点保护野生动物；中国生物多样性红色名录－极危（CR）。

28. བྱེ་བྱི། *Felis bieti*
དབྱིན་ཡིག་གི་མིང་། Chinese Mountain Cat

གཟུགས་དབྱིབས་ཁྱད་ཆོས། ལུས་པོའི་རིང་ཚད་ལ་ལི་སྨི61—68ཡོད་པ་དང་དེ་ཁྱིམ་གྱི་བྱི་ལ་ལས་ཆེ་ལ། རྔ་མའི་རིང་ཚད་ལ་ལི་སྨི30ཡས་མས་དང་ལྗིད་ཚད་ལ་སྤྱི་ཀྲ4—8ཡོད། ལུས་ཀྱི་སྤུ་རིང་ཞིང་མཐུག་པ་དང་ཁུ་སྤུ་མང་། སྐལ་བའི་མདོག་སྐྱ་པོ་དང་ཡང་ན་སེར་སྐྱ་ཡིན་པ་དང་། རྒྱབ་དཀྱིལ་དུ་མཚོན་གསལ་མེད། མགོ་དང་རྒྱབ་ཀྱི་ཁ་དོག་གཅིག་པ་ཡིན་ལ། ཡ་མཆུ་སེར་དཀར་དང་། ཁ་སྤུ་དཀར་པོ་ཡིན། སྣ་ཁུང་གི་མཐའ་སྐོར་དང་སྣ་ཡི་གདུང་མ་དམར་པོ་རེད། མིག་གཉིས་ཀྱི་ནང་ཟུར་ལ་རི་མོ་དཀར་པོ་རེ་ཡོད། དཔྲལ་བར་རྫ་མདོག་གི་རི་མོ་གསུམ་ཡོད། རྣ་རྒྱབ་ཀྱི་མདོག་ནི་ཁམ་པ་ཡིན་ལ་མཐའ་ནི་ཁམ་སྐྱ་ཡིན། རྣ་རྩེ་ཙ་སྤུ་སྨུག་པོ་ཞིག་སྐྱེས་ཡོད་ལ། རྣ་ནང་གི་སྤུ་རིང་ཞིང་ཚགས་དམ་པ་དང་མདོག་སྨུག་སྐྱ་ཡིན། མིག་གི་རྒྱབ་དང་འགྲམ་ཕྱོགས་ལ་སྨུག་རིས་གཉིས་ཡོད། སུག་བཞི་ཡི་ཕྱི་ངོས་ལ་མདོག་སྨུག་པོའི་འཕྲེད་རིས4—5ཡོད་པ་

དང་། སུག་བཞི་ཡི་ནང་ངོས་དང་བྲང་ཁ། གསུས་ངོས་སོགས་ཀྱི་མདོག་སེར་སྐྱ་ཡིན། ཇ་སྙིང་ལ་ཟླུམ་ཕྱེད་ནག་པོ5ཡོད་པ་དང་ཇ་རྩེ་ནག་པོ་ཡིན།

སྐྱེ་ཁམས་གོམས་གཤིས། བྱེ་བྱེ་ནི་མཚོ་ངོས་ལས་མཐོ་ཚད་སྨི3300ཡས་མས་ཀྱི་བྱེ་ཐང་རྩྭ་ཐང་དང་། རི་མ་ཐང་གི་ས་ཁུལ། རི་ཁུལ་བཅས་སུ་འཚོ་སྡོད་བྱེད་པ་དང་། དུས་རྒྱུན་དུ་ཁེར་རྐྱང་དུ་སྡོད་པ་དང་། བྲག་རྡོ་གས་སུབས། ཡང་ན་རྡོའི་འོག་ཏུ་ཚང་བཟོས་ཡོད། ས་སྡོད་ཀྱི་དུས་སུ་འགྱུལ་སྐྱོད་བྱེད་པ་དང་། རྒྱུན་དུ་མཚན་མོར་རྫོན་པ་ལས་ཉིན་དཀར་བྲག་ཁུང་ནང་ནས་ངལ་གསོ་བྱེད་པ་རེད། མཐོང་ཆོར་དང་སྣ་ཤེས། རྣ་ཤེས་ཀྱི་ནུས་པ་ཆེན་པོ་ཡོད། ཟས་ནི་བྱེ་བ་གཙོ་བོར་འཛིན་པ་དང་། འདབ་ཆགས་རིགས་ཀྱང་ཟ་བ་རེད། དགུན་དུས་སུ་ཟས་རིགས་ཞུང་བས་རྒྱུན་དུ་སྡེ་བའི་ནང་དུ་སྒོ་ཕྱུགས་དང་ཁྱིམ་བྱ་ཟ་བར་འགྲོ་བཞིན་ཡོད། རང་གི་ཚང་ཡོད་སའི་དོང་ཕུག་དང་བར་ཐག་སྨི100ཡི་ཕྱི་ནས་མི་གཙང་བ་ཕྱིར་འདོན་པ་དང་དེ་མ་ཐག་ས་འོག་ཏུ་སྦས་ཏེ་རང་གི་དགྲ་བོས་མི་མཐོང་བ་བྱེད་བཞིན་ཡོད། སྐྱེ་འཕེལ་གྱི་དུས་ཚོད་ནི་ཟླ1—2བར་ཡིན་པ་དང་ཟླ5པར་ཕྲུ་གུ་བཙའ་བཞིན་ཡོད། བཙའ་ཐེངས་རེར་ཕྲུ་གུ2—4བར་བཙའ་བཞིན་ཡོད།

ས་ཁམས་ཁྱབ་ཚུལ། ཀྲུང་གོར་དམིགས་བསལ་གྱི་རིགས་ཡིན། མཚོ་སྔོན་དང་སི་ཁྲོན་དུ་ཁྱབ་ཡོད།

སྲུང་སྐྱོབ་རིམ་པ། རྒྱལ་ཁབ་ཀྱི་རིམ་པ I གཙོ་གནད་སྲུང་སྐྱོབ་བྱ་བའི་རི་སྐྱེས་སྲོག་ཆགས་དང་། ཀྲུང་གོའི་སྐྱེ་དངོས་སྣ་མང་རང་བཞིན་གྱི་མིང་ཐོ་དམར་པོ་ལས་ཉེན་ཁ་ཤིན་ཏུ་ཆེ་བའི་རིགས་ཡིན། (CR)

29. 猞猁 *Lynx lynx*

英文名：Eurasian Lynx

形态特征：脸面酷似猫，体型较大，身体粗壮，四肢粗长、矫健，尾粗短，尾尖钝圆。耳尖丛状毛显著，两颊有下垂的长毛，腹毛也很长。毛色变异很大，有乳灰、棕褐、土黄褐、灰草黄微褐及浅灰褐等色型。但有些部位的色调是比较恒定的，如外耳缘黑色或黑褐色，内耳缘乳灰色，耳尖丛毛纯黑色，其中夹杂数根白色毛。上唇暗褐色或黑色，下唇污白色至暗褐色。颌两侧各有一块褐黑色斑，尾端一般纯黑色或褐色。四肢前面、外侧均具斑纹。胸、腹、鼠蹊为一致的污白色或乳白色。

生态习性：猞猁栖息于针叶林、灌丛草原、高寒草原、荒漠、半荒漠草原和高山草甸等环境中，巢穴位于岩石洞、石缝或倒木下。善于爬树，亦能游泳。视、听觉发达。一般在夜间活动，捕食各种鼠类、兔、鼠兔和一些鸟类，有时也猎食羊类、麝类和狍等中型动物。猞猁极有耐性，可以在一个地方俯卧在地两三天，甚至更长。擅长伏击，经常隐藏在灌木、岩石之后，等到有猎物靠近时，以最快的速度捕获猎物，如果猎物侥幸逃走，它也会再次回到原地，等待下一个猎物的到来。每年 2—4 月为繁殖期，妊娠期 2 个月左右，每胎 2—4 仔。雌性需 20—24 个月达到性成熟，雄性则需 30—34 个月。

地理分布：国内主要分布于吉林、黑龙江、山西、辽宁、四川、云南、陕西、新疆、西藏、青海、甘肃、内蒙古和河北。

保护级别：国家Ⅱ级重点保护野生动物；中国生物多样性红色名录－濒危（EN）。

29. དབྱི། *Lynx lynx*

དབྱིན་ཡིག་གི་མིང་། Eurasian Lynx

གཟུགས་དབྱིབས་ཁྱད་ཆོས། གདོང་ནི་བྱི་ལ་དང་འདྲ་བ་དང་། གཟུགས་གཞི་ཆུང་ཆེ། ཤ་ཤེད་བཟང་བ་དང་རྐང་ལག་སྟོམ་ཞིང་རིང་། རྫ་མ་ཐུང་བ་དང་རྫ་རྩེ་སྣོར་དབྱིབས་ཡིན། རྣ་རྩེ་རུ་སྤུ་ཚོམ་བུ་སྐྱེས་ཡོད་པ་དང་། འགྲམ་གཉིས་སུ་ཐུར་དུ་དཔྱངས་པའི་སྤུ་རིང་ཡོད་ལ། གསུས་སྤུ་ཡང་ཧ་ཅང་རིང་། སྤུ་མདོག་ལ་གཞན་འགྱུར་ཧ་ཅང་ཆེ་བ་སྟེ། ཐལ་སྐྱ་དང་རྫ་མདོག སྨུག་པོ། ཁམ་པ། སྐྱ་སྨུག སྐྱ་སྐྱ་སོགས་མདོག་མི་འདྲ་བ་ཡོད། འོན་ཀྱང་ལུས་ཀྱི་ཆ་ཁ་ཤས་ཀྱི་ཁ་དོག་ནི་ཆུང་གཏན་འཇགས་ཡིན་ཏེ། དཔེར་ན་རྣ་ཕྱི་ཡི་མདོག་ནི་ནག་པོ་དང་ཁམ་ནག་ཡིན། རྣ་ནང་གི་མདོག་ནི་དཀར་སྐྱ་ཡིན། རྣ་རྩེ་ཡི་སྤུ་ཚོམ་ནི་ནག་པོ་ནག་རྐྱང་ཡིན་ལ་དེའི་ནང་དུ་སྤུ་ཤག་དཀར་པོ་འགའ་འདྲེས་ཡོད། ཡ་མཆུ་ཡི་མདོག་ནི་སྨུག་ནག་གམ་ནག་པོ་ཡིན། མ་མཆུ་ཡི་མདོག་ནི་དཀར་པོའམ་སྨུག་ནག་ཡིན། མ་ནེ་ཡི་ལོགས་གཉིས་སུ་ནག་ཐིག་རེ་ཡོད་པ་དང་། མཇུག་སྣེ་ཕྱིར་

བཏང་དུ་ནག་པོའམ་སྨུག་པོ་ཡིན། སུག་བཞིའི་མདུན་ཕྱོགས་དང་ཕྱི་ངོས་ཚང་མར་ཁྲ་ཐིག་ཡོད། བྲང་དང་ལྟོ་བ། འདོམས་སོགས་ཀྱི་མདོག་དཀར་པོའམ་ཡང་ན་དཀར་སྐྱ་ཡིན།

སྐྱེ་ཁམས་གོམས་གཤིས། དབྱི་ནི་ལོ་མ་ཁབ་ཅན་གྱི་ནགས་ཚལ་དང་། སྤོང་ཐུན་ནགས་ཚལ། མཐོ་སྒང་རྩྭ་ཐང་། ཐང་ཀོད། བྱེ་ཐང་། རི་མཐོའི་སྤང་ཐང་སོགས་ཀྱི་ཁོར་ཡུག་ཏུ་འཚོ་སྡོད་བྱེད་ཀྱིན་ཡོད། ཚང་ནི་བྲག་རྡོའི་བྲག་ཕུག་དང་རྡོ་སྤུངས། ཤིང་འགྲེལ་བའི་འོག་ཏུ་གནས་ཡོད། སྤོང་མགོར་འཛེག་མཁས་ལ་ཆུ་རྒྱལ་ཡང་ཤེས། མིག་ཤེས་དང་རྣ་ཚོར་གྱི་ནུས་པ་ཆེ་བས། ཕྱིར་བཏང་དུ་མཚན་མོར་འགུལ་སྐྱོད་བྱེད་བཞིན་ཡོད། བྱི་བ་དང་རི་བོང་བྱ་རིགས་སོགས་གཟན་དུ་ཟ་བ་དང་། སྐབས་འགར་ལུག་དང་གླ་བའི་རིགས། ཁ་ཤྭ་སོགས་སྲོག་ཆགས་འབྲིང་བ་ཟ་བཞིན་ཡོད། དབྱི་ནི་ངང་རྒྱུད་རིང་བས་ས་ཆ་གཅིག་ཏུ་ཉིན་གཉིས་གསུམ་དང་དེ་བས་རིང་བའི་དུས་ཡུན་ལ་ཉལ་ཐུབ། དབྱི་ནི་འཛབ་རྐོལ་བྱེད་པར་མཁས་ཤིང་། རྒྱུན་པར་སྡོང་ཐུང་དང་བྲག་རྡོའི་གསེང་དུ་སྦས་ནས་རྔོན་དངོས་དང་ཐག་ཉེ་བའི་སྐབས་སུ། ཆེས་མགྱོགས་པའི་སྒོ་ནས་རྔོན་དངོས་འཛིན་ཐུབ། གལ་ཏེ་སྐབས་མ་ལེགས་པར་རྔོན་དངོས་བྲོས་སོང་ན། དེ་སྔར་ཡང་རང་སར་སོང་ནས་རྔོན་དངོས་རྗེས་མར་ཡོང་བར་བསྒུག་ནས་སྡོད་ཀྱི་ཡོད། ལོ་རེའི་ཟླ2—4པའི་བར་དུ་རྒྱུད་འཕེལ་བྱེད། མངལ་སྦྲུམ་པའི་དུས་ཡུན་ཟླ2ཡས་མས་ཡིན། ཐེངས་རེ་ཕྲུ་གུ2—4བཙའ་བཞིན་ཡོད། མོའི་རིགས་ཟླ20—24བར་དུ་མཚན་མ་སྨིན་པ་དང་། ཕོ་རིགས་ཟླ30—34བར་དགོས།

ས་ཁམས་ཁྱབ་ཚུལ། རྒྱལ་ནང་དུ་གཙོ་བོར་ཅི་ལིན་དང་། ཧེ་ལུང་ཅང་། ཧྲན་ཞི། ལེའོ་ཉིང་། སི་ཁྲོན། ཡུན་ནན། ཧྲའན་ཞི། ཞིན་ཅང་། བོད་ལྗོངས། མཚོ་སྔོན། ཀན་སུའུ། ནང་སོག ཧོ་པེ་བཅས་སུ་ཁྱབ་ཡོད།

སྲུང་སྐྱོབ་རིམ་པ། རྒྱལ་ཁབ་ཀྱི་རིམ་པ II གཙོ་གནད་སྲུང་སྐྱོབ་བྱ་བའི་རི་སྐྱེས་སྲོག་ཆགས། ཀྲུང་གོའི་སྐྱེ་དངོས་སྣ་མང་རང་བཞིན་གྱི་མིང་ཐོ་དམར་པོ་ལས་འཛེམ་ཉེན་ཆེ་བའི་རིགས་ཡིན། (EN)

熊科 Ursidae

30. 棕熊 *Ursus arctos*
英文名：Brown Bear

形态特征：体形健硕，庞大而笨重，成体体长可达 2 米。头宽而吻尖，颈粗壮，尾特短。肩背和后颈部肌肉隆起，四足站立时肩高超过臀高。粗壮的肌肉使其前臂十分有力，在挥击时可以造成极大破坏。前爪最长可达 15 厘米，棕熊的爪子虽长，却并不擅长爬树。和硕大的头颅比起来，它们的耳朵显得颇小。棕熊有 42 颗牙齿，包括两颗大犬齿。通体呈现棕褐或灰褐烟黄色。前足腕垫不与掌垫相连。毛被丰厚，背部毛长 13—15 厘米，体侧毛长 20 厘米。

生态习性：棕熊分布于高原草原、高山草甸草原、高寒荒漠草原、灌丛草原和森林地带，夏天喜在高山密林中活动。多在白天活动，视觉弱，嗅觉灵敏。除夏季配偶期外，雌雄各自独居。有冬眠习性，冬眠时多寻找偏僻的山洞，冬眠期由10月至翌年春天，在这期间偶见其活动。入眠和苏醒时间变动很大，主要取决于该地区的纬度、海拔高度及气候条件。杂食性，多以野菜、野果、植物幼嫩部分为食。最爱食蜂蜜，亦食鸟类、小兽及昆虫，在湖泊沼泽地区，常涉水、游泳捕食水禽的雏鸟，或盗食牧民的羊群。繁殖期在8—9月，怀孕期约7个月，翌年春季产仔，每胎多为2仔，幼体跟随母体生活，直到第二年的冬季。

地理分布:国内主要分布于吉林、黑龙江、内蒙古、辽宁、四川、云南、西藏、甘肃、青海和新疆。

保护级别：国家Ⅱ级重点保护野生动物；中国生物多样性红色名录－易危（VU）。

དོམ་རིགས་ཀྱི་ཚན་པ། Ursidae

30. དྲེད་མོང་། *Ursus arctos*
དབྱིན་ཡིག་གི་མིང་། Brown Bear

གཟུགས་དབྱིབས་ཁྱད་ཆོས། དྲེད་མོང་གི་གཟུགས་སྒྲོམ་ཆེ་ཞིང་ཐུང་བ་དང་། གཟུགས་དར་ཞིང་རིང་ཚད་ལ་སྨི2ཙམ་ཡོད། མགོ་ཞིང་ཆེ་ལ་མཆུ་སྣེ་ཐུང་། རྣ་སྒྲོམ་ཞིང་ཛ་མ་ཐུང་། ཕྲག་པའི་རྒྱབ་ངོས་དང་མཐིང་པའི་ཤ་གནད་འབུར་ལ་སུག་བཞི་འགྲེང་སྐབས་ཕྲག་པའི་མཐོ་ཚད་དེ་འཕོངས་ཀྱི་མཐོ་ཚད་ལས་མཐོ། ཤ་གནད་སྒྲོམ་པས་ལག་ངར་ལ་ཤུགས་ཤིན་ཏུ་ཆེ་བས། རྗེག་དུས་གཏོར་བརླག་ཆེན་པོ་བཟོ་ཐུབ། སྡེར་མོ་ཆེས་རིང་བ་ནི་ལི་སྨི15ལ་སླེབས་ཐུབ་པ་དང་། དྲེད་མོང་གི་སྡེར་མོ་ནི་རིང་ནའང་སྡོང་མགོར་འཛེག་པར་མི་མཁས། ཏ་ཅང་ཆེ་བའི་མགོ་བོ་དང་བསྡུར་ན། ཁོ་ཚོའི་རྣ་བ་ཏ་ཅང་ཆུང་། དྲེད་མོང་ལ་སོ42ཡོད་པ་དང་། དེའི་ནང་གི་མཆེ་བ་གཉིས་ཀྱི་མདོག་སྨུག་པོའམ་སྨུག་སྐྱ་རེད། མདུན་སུག་གི་མཁྲིག་གདན་དང་ལག་གདན་འབྲེལ་མེད། སྤུ་ནི་མཐུག་ཅིང་མཐུག་ལ། རྒྱབ་ཀྱི་སྤུ་ནི་ལི་སྨི13—15དང་། གཞོགས་གཉིས་ཀྱི་སྤུ་ནི་

ལི་སྨི20ཡིན།

སྐྱེ་ཁམས་གོམས་གཤིས། དྲེད་མོང་ནི་ས་མཐོའི་རྩྭ་ཐང་དང་རི་མཐོའི་སྤང་ལྗོངས། མཐོ་སྒང་བྱེ་ཐོད། རྩྭ་ཐང་། སྔོང་ཕྲན་ནགས་ཚལ། ནགས་ཚལ་ཁུལ་བཅས་སུ་གནས་པ་དང་། དབྱར་དུས་རི་མཐོའི་ནགས་ཚལ་སྟུག་པོའི་ཁྲོད་དུ་འཚོ་སྡོད་བྱེད་ཀྱིན་ཡོད། མང་ཆེ་བ་ཉིན་དཀར་འགུལ་སྐྱོད་བྱེད་པ་དང་། མིག་དབང་ཞན་པ། སྣ་ཤེས་སྐྱེན་པ། དབྱར་དུས་བཟའ་ཟླ་ཕུད་ཕོ་མོ་གཉིས་ཀ་ཁེར་སྡོད་བྱེད་དགོས། དགུན་ཉལ་གྱི་གོམས་གཤིས་ཡོད་ལ། དགུན་ཉལ་གྱི་དུས་སུ་ལུང་ཁུག་གི་བྲག་ཕུག་མང་ཙམ་འཚོལ་དགོས། དགུན་ཉལ་གྱི་དུས་ནི་ཟླ10པ་ནས་ཕྱི་ལོའི་དཔྱིད་ཀའི་བར་ཡིན་པ་དང་། དུས་དེར་སྐབས་འགར་འགུལ་སྐྱོད་བྱེད་པ་མཐོང་རྒྱུ་ཡོད། གཉིད་མི་ལོག་པ་དང་སད་པའི་དུས་ཚོད་ཀྱི་འགྱུར་ལྡོག་ཧ་ཅང་ཆེ་བས་གཙོ་བོ་ས་ཁུལ་དེའི་འཕྲེད་ཐིག་གི་ཚད་དང་ས་བབ་མཐོ་ཚད། གནམ་གཤིས་ཀྱི་ཆ་རྐྱེན་བཅས་ལ་རག་ལས་ཡོད། གཟན་ནི་ཟས་འདྲེས་རང་བཞིན་ཅན་ཡིན་པས། ལོ་ཐོག་མང་ཆེ་བ་སྦྱོ་ཚོད་དང་རི་སྐྱེས་ཤིང་འབྲས། རྩི་ཤིང་གི་མཉེན་པའི་ཆ་ཤས་ཟ་བཞིན་ཡོད། སྦྲང་རྩི་ཟ་རྒྱུར་ཧ་ཅང་དགའ་ཞིང་། བྱ་རིགས་དང་རི་དྭགས་ཆུང་ཆུང་། འབུ་སྲིན་སོགས་ཀྱང་ཟ་བ་རེད། མཚོའུ་དང་འདམ་རར་རྒྱུན་དུ་ཆུ་ལ་རྐྱལ་ཞིང་ཆུ་ལ་རྐྱལ་ནས་ཉ་དང་། ཡང་ན་འཐྲོག་པའི་ལུག་རྔོན་བཞིན་ཡོད། སྐྱེ་འཕེལ་དུས་ཚོད་ཟླ8—9པའི་བར་ཡིན་པ་དང་། མངལ་འཁོར་ནས་ཟླ་བ7ཙམ་ཕྱིན་པ་དང་། ཕྱི་ལོའི་དཔྱིད་དུས་སུ་ཕྲུ་གུ་མང་པོ་བཙའ་བཞིན་ཡོད། བཙའ་ཐེངས་རེར་ཕྲུ་གུ2བཙའ་བཞིན་ཡོད་པ་དང་། ཕྲུ་གུ་ཚོ་ཨ་མའི་རྗེས་སུ་འབྲངས་ནས་ལོ་གཉིས་པའི་དགུན་དུས་བར་ཨ་མ་དང་མཉམ་དུ་འཚོ་ཞིང་གནས་པ་རེད།

ས་ཁམས་ཁྱབ་ཚུལ། རྒྱལ་ནང་དུ་གཙོ་བོར་ཧེ་ལོན་དང་ཧེ་ལུང་ཅང་། ནང་སོག ལེའོ་ཉིང་། སི་ཁྲོན། ཡུན་ནན། བོད་ལྗོངས། ཀན་སུའུ། མཚོ་སྔོན། ཞིན་ཅང་བཅས་སུ་ཁྱབ་ཡོད།

སྲུང་སྐྱོབ་རིམ་པ། རྒྱལ་ཁབ་ཀྱི་རིམ་པ II གཙོ་གནད་སྲུང་སྐྱོབ་བྱ་བའི་རི་སྐྱེས་སྲོག་ཆགས། ཀྲུང་གོའི་སྐྱེ་དངོས་སྣ་མང་རང་བཞིན་གྱི་མིང་ཐོ་དམར་པོ་ལས་འཇིག་ཉེན་ཤིན་ཏུ་ཆེ་བའི་རིགས་ཡིན། (VU)

31. 大熊猫 *Ailuropoda melanoleuca*
英文名：Giant Panda

形态特征：体形肥硕，成体体重约 130—150 千克，体长 1.2—1.8 米，肩高 65—70 厘米，尾长 10—14 厘米。与棕熊相似，有较为短宽的头部，足底生毛。毛粗，有光泽，绒毛厚密。双耳、眼周及四肢均呈黑色，前肢的黑色毛在肩部中央相连，形成一条黑色环带。腹部灰白或暗棕色。皮肤厚，最厚处可达 10 毫米。黑白相间的外表，有利于隐蔽在密林的树上和积雪的地面而不易被天敌发现。陕西秦岭地区分布有棕色型大熊猫，与黑白色型相比，棕色型身体黑色毛发部分变为浅棕色或者咖啡色。自然界中还存在极少数的白化变异个体。

生态习性：大熊猫生活在海拔 2600—3500 米之间的茂密竹林中，栖息地少有人类活动，常年潮湿，空气稀薄。对严寒酷暑耐受度较低。善于爬树，能游泳。视、听觉较差，嗅觉尚佳。性格较为温顺，自卫能力不强。多单独或成对活动。主要以竹叶、竹笋及竹茎为食。少数情况下会取食肉类。妊娠期约 7 个月，晚秋产仔。每胎产 1 仔。初生幼仔全身白色，尾较长，与成体迥异。需月余四肢与耳等部位才变为黑色。长尾随体型增大而相对变短小。在繁殖期内雄兽间有争偶现象。

地理分布：中国特有种。分布于四川、陕西和甘肃。

保护级别：国家 I 级重点保护野生动物；中国生物多样性红色名录－易危（VU）。

31.དོམ་ཆེན། *Ailuropoda melanoleuca*
དབྱིན་ཡིག་གི་མིང་། Giant Panda

གཟུགས་དབྱིབས་ཁྱད་ཆོས། ལུས་པོའི་ལྗིད་ཚད་ལ་སྤྱི་ཀྲ130—150དང་། གཟུགས་པོའི་རིང་ཚད་ལ་སྨི1.2—1.8ཡོད། ཕྲག་པའི་མཐོ་ཚད་ལ་ལི་སྨི65—70དང་རྔ་མའི་རིང་ཚད་ལ་ལི་སྨི10—14བཅས་ཡོད། དོམ་ཆེན་ནི་དྲེད་མོང་དང་འདྲ་བར་མགོ་བོ་ཐུང་ཞིང་ཞེང་ཆུང་ཆེ་ལ། སུག་པའི་མཐིལ་དུ་སྤུ་སྐྱེས་ཡོད། དོམ་ཆེན་གྱི་སྤུ་རྩིང་ཞིང་འོད་མདངས་ལྡན་ལ། སྤུ་ཤིན་ཏུ་སྟུག་པོ་ཡིན། རྣ་ཟུང་དང་མིག་གི་མཐའ་

འཕོར། རྐང་ལག་བཅས་ཚང་མ་ནག་པོ་ཡིན་པ་དང་། མདུན་སྲུག་གི་སྤུ་ནག་པོ་ཐུག་པའི་དཀྱིལ་དུ་འབྲེལ་ནས་གདུབ་ནག་པོ་ཞིག་གྲུབ་ཡོད། སྔོ་བ་སྐྱ་བོའམ་སྨུག་སྐྱ་ཡིན། པགས་པ་མཐུག་ཅིང་མཐུག་ཤོས་ལ་ཧ་འི་སྨི10ཡོད། དཀར་ནག་མཉམ་བསྲེས་ཀྱི་ཕྱིའི་རྣམ་པ་ནི་ནགས་ཚལ་སྟུག་པོའི་སྡོང་མགོར་གབ་ནས་སྡོད་པ་དང་ཁ་བ་འབབ་པའི་ས་ངོས་སུ་གབ་ནས་བསྡད་ཡོད་པས་གཤིད་མས་མཐོང་དཀའ། ཧྲའན་ཞི་ཆིན་ལིན་ས་ཁུལ་དུ་ཐྲ་མདོག་ཅན་གྱི་དོམ་ཁྲའི་རིགས་ཡོད་ཅིང་། དེ་ནག་པོ་དང་བསྡུར་ན། ཐྲ་མདོག་ཅན་གྱི་གཟུགས་པོའི་སྤུ་ནག་པོ་དེ་ཐྲ་མདོག་གམ་ཡང་ན་འཚོག་ཐའི་མདོག་གི་རིགས་སུ་གྱུར་ཡོད། རང་བྱུང་ཁམས་སུ་དུང་དཀར་པོ་གཞན་འགྱུར་གྱི་དོམ་ཆེན་ཞུང་ཧྲ་ཡོད་པ་རེད།

སྐྱེ་ཁམས་གོམས་གཤིས། དོམ་ཆེན་ནི་མཚོ་ངོས་ལས་མཐོ་ཚད་སྨི2600—3500བར་གྱི་སྨུག་མའི་ནགས་ཚལ་སྟུག་པོའི་ཁྲོད་དུ་འཚོ་སྡོད་བྱེད་ཀྱིན་ཡོད་པ་དང་། འཚོ་སྡོད་བྱེད་ཡུལ་དུ་མིའི་རིགས་ཤིན་ཏུ་ཉུང་ངའམ་གཏན་ནས་མེད། ལོ་མང་རིང་བརྟན་གཤིར་ཆེ་བ་དང་། མཁའ་ཀླུང་དཀོན་པས། གྲང་ངར་དང་ཚ་གདུག་གི་ཚད་རྒྱུང་དམའ། སྡོང་མགོར་འཛེག་པར་མཁས། ཆུ་ལ་རྐྱལ་ཐུབ། མིག་དང་རྣ་ཤེས་ཞན་ལ་སྣོམ་ཚོར་བཟང་། གཤིས་ཀ་འཇམ་པོ་དང་རང་སྲུང་གི་ནུས་པ་ཆེན་པོ་མེད། ཁེར་རྐྱང་ངམ་ཆ་སྒྲིག་ནས་འགྲུལ་སྐྱོད་བྱེད་བཞིན་ཡོད། གཙོ་བོར་སྨུག་མའི་ལོ་མ་དང་སྨུག་མའི་སྨྱུ་གུ་དང་སྨུག་མའི་སྡོང་པོ་བཅས་ཟ་བཞིན་ཡོད། གནས་ཚུལ་ཉུང་ཤས་འོག་ཤ་རིགས་ཟ་བཞིན་རེད། མངལ་སྦྲུམ་ནས་ཟླ7ཙམ་འགོར་ཞིང་། སྟོན་ཁའི་དུས་སུ་ཕྲུ་གུ་བཙའ་བཞིན་ཡོད། བཙའ་ཐེངས་རེར་ཕྲུ་གུ1རེ་བཙའ་བཞིན་ཡོད། བཙས་མ་ཐག་པའི་ཕྲུ་གུ་དེའི་ལུས་པོ་ཡོངས་དཀར་ཞིང་ཧ་མ་རིང་ལ་གཟུགས་དར་མ་དང་མི་འདྲ། ཟླ་གཅིག་ལྷག་ལ་རྐང་ལག་བཞི་དང་རྣ་སོགས་ཀྱི་ཆ་ཤས་ད་གཟོད་ནག་པོར་གྱུར་པ་རེད། མཇུག་མ་རིང་ལ་གཟུགས་དབྱིབས་ཇེ་ཆེར་སོང་བ་དང་བསྟུན་ནས་ཕྲོས་བཅས་ཀྱིས་ཐུང་བར་འགྱུར། སྐྱེ་འཕེལ་དུས་སུ་ཕོ་རིགས་བར་དུ་ཕན་ཚུན་མོ་རིགས་རྩོད་རེས་བྱེད་པའི་སྲུང་ཚུལ་ཡོད།

ས་ཁམས་ཁྱབ་ཚུལ། ཀྲུང་གོར་དམིགས་བསལ་དུ་ཡོད་པའི་རིགས་ཡིན། སི་ཁྲོན་དང་ཧྲའན་ཞི། ཀན་སུའུ་བཅས་སུ་ཁྱབ་ཡོད།

སྲུང་སྐྱོབ་རིམ་པ། རྒྱལ་ཁབ་ཀྱི་རིམ་པ I གཙོ་གནད་སྲུང་སྐྱོབ་བྱ་བའི་རི་སྐྱེས་སྲོག་ཆགས་དང་། ཀྲུང་གོའི་སྐྱེ་དངོས་སྣ་མང་རང་བཞིན་གྱི་མིང་ཐོ་དམར་པོ་ལས་འཛིག་ཉེན་ཤིན་ཏུ་ཆེ་བའི་རིགས་ཡིན།

(VU)

小熊猫科 Ailuridae

32. 喜马拉雅小熊猫 *Ailurus fulgens*
英文名：Himalayan Red Panda

形态特征：躯体肥硕，体长 40—63 厘米，体重一般为 5 千克左右。尾巴长度占全长的一半以上，上有红色、黄白色或红褐色、黑褐色相间的斑纹。头骨轮廓高而圆，鼻吻部较短，鼻骨明显向前倾斜。耳大且挺立，四肢短宽，足掌被绒毛，爪尖锐，尾粗长。鼻端、眼圈为黑褐色，胡须为白色。嘴周，鼻上部、两颊、眼眉上都有白斑。头部前额为棕黄色或淡棕色。颈部及腹部为黑褐色，全身被有红褐色粗的长毛，四肢和足掌都为黑色，足底绒毛黄色。

生态习性：喜马拉雅小熊猫是一种喜温暖湿润同时也耐高寒的森林动物，生活在海拔 2500—4800 米的落叶针叶林、针阔混交林或常绿阔叶林中。日常栖息在树洞或石缝中，清晨和傍晚出来活动，白天多在巢穴中睡觉。善于攀爬，能爬到高而细的树枝上休息或躲避敌害。雌性妊娠期约 4 个月，产仔期在 6—7 月，每胎产 2—3 仔。

地理分布：国内主要分布于西藏南部。

保护级别：国家Ⅱ级重点保护野生动物；中国生物多样性红色名录 - 易危（VU）。

དོམ་ཆུང་ཚན་པ། Ailuridae

32. ཧི་མ་ལ་ཡའི་དོམ་ཆུང་། *Ailurus fulgens*
དབྱིན་ཡིག་གི་མིང་། Himalayan Red Panda

གཟུགས་དབྱིབས་ཁྱད་ཆོས། གཟུགས་པོའི་རིང་ཚད་ལ་ལི་སྨི40—63ཡིན་ལ། ལྗིད་ཚད་ལ་སྤྱིར་བཏང་སྟོང་ཁེ5ཡས་མས་ཡོད། རྔ་མའི་རིང་ཚད་ཀྱིས་སྤྱིའི་རིང་ཚད་ཀྱི་ཕྱེད་ཀ་ཡན་ཟིན་ཡོད་པ་དང་། སྟེང་དུ་དམར་པོ་དང་སེར་སྐྱ། ཁམ་དཀར། ཁམ་སྨུག་འདྲེས་མར་གནས་པའི་ཁྲ་ཐིག་ཡོད། མགོ་ཀུས་ཀྱི་དབྱིབས་མཐོ་ཞིང་སྒོར་མོ་ཡིན། མཆུ་ཏོ་ཅུང་ཐུང་ལ་སྣ་ཀུས་མདུན་ལ་འབུར་འདུག རྣ་བ་ཆེ་ཞིང་ཡར་འགྲེང་བ་དང་གྲུག་བཞི་ཞིང་ཚད་ཐུང་ལ་སྦོམ། ཀང་མཐིལ་དུ་སྤུ་སྐྱེས་ཡོད། སྡེར་མོ་རྣོ་ལ། རྔ་མ་སྦོམ་ཞིང་རིང་། སྣ་སྣེ་དང་མིག་གོར་ནི་སྨུག་ནག་ཡིན། ཁ་སྤུ་ནི་དཀར་པོ་ཡིན། མཆུ་ཏོའི་མཐའ་འཁོར་དང་སྣའི་སྟེང་། འགྲམ་གཉིས། སྨིན་མའི་སྟེང་དུ་དཀར་ཁྲ་ཡོད། དཔྲལ་བའི་མདོག་ནི་ཟྭ་མདོག་སེར་པོ་དང་སྨུག་པོ་ཡིན། སྐེ་དང་གསུས་པའི་མདོག་ནི་སྨུག་སྐྱ་ཡིན་ལ། ལུས་པོ་ཡོངས་ལ་སྤུ་རིང་སྨུག་པོ་སྐྱེས་ཡོད། ཀང་ལག་དང་གྲུག་པའི་

སྙིང་གི་སྤུ་ནི་ནག་པོ་ཡིན། རྐང་ཞབས་ཁྱུལ་སྤུ་སེར་པོ་ཡིན།

སྐྱེ་ཁམས་གོམས་གཤིས། རི་མ་ལ་ཡའི་ནོམ་ཆུང་ནི་ཇོན་དང་བརྟན་གཤེར་ལ་དགའ་བ་དང་དུས་མཚུངས་སུ་མཐོ་སྒང་གི་ནགས་ཚལ་སྲོག་ཆགས་ཤིག་ཡིན་པ་དང་། ས་བབ་མཐོ་ཚད་སྨི2500—4800བར་གྱི་ལོ་ལྗང་ནགས་ཚལ་དང་། ཁབ་ལོ་དང་ལོ་ཆེ་མཉམ་བསྲེས་ནགས་སམ་ཡང་ན་རྒྱུན་ལྗང་ནགས་ཚལ་དུ་འཚོ་སྡོད་བྱེད་ཀྱིན་ཡོད། དུས་རྒྱུན་དུ་སྡོང་པོའི་ཁུང་བུ་དང་རྡོའི་སྦུབས་ཀ་རུ་འདུག་པ་དང་། ཞོགས་པ་དང་ས་སྲོད་ཀྱི་དུས་སུ་འགྲུལ་སྐྱོད་བྱེད་པ་དང་། ཉིན་དཀར་ཚང་གི་ནང་དུ་ཉལ་བ་རེད། སྡོང་པོའི་སྟེང་འཛེག་པར་མཁས། མཐོ་ཞིང་ཕྲ་བའི་སྡོང་པོའི་ཡལ་གའི་སྟེང་དུ་འཛེགས་ནས་ངལ་གསོ་བའམ་དགྲ་བོའི་གནོད་པར་གཡོལ། མོ་རིགས་ལ་མངལ་འཁོར་བའི་དུས་ཡུན་ནི་ཟླ་བ4ཙམ་ཡིན་པ་དང་ཕྲུ་གུ་བཙའ་བའི་དུས་ཚོད་ནི་ཟླ་བ6—7པའི་བར་ཡིན་པ་དང་བཙའ་ཐེངས་རེར་ཕྲུ་གུ2—3བར་བཙའ་བཞིན་ཡོད།

ས་ཁམས་ཁྱབ་ཚུལ། བོད་ལྗོངས་ཀྱི་ལྷོ་རྒྱུད་དུ་ཁྱབ་ཡོད།

སྲུང་སྐྱོབ་རིམ་པ། རྒྱལ་ཁབ་ཀྱི་རིམ་པ II གཙོ་གནད་སྲུང་སྐྱོབ་བྱ་བའི་རི་སྐྱེས་སྲོག་ཆགས། ཀྲུང་གོའི་སྐྱེ་དངོས་སྣ་མང་རང་བཞིན་གྱི་མིང་ཐོ་དམར་པོ་ལས་འཇིག་ཉེན་ཆེ་བའི་རིགས་ཡིན། (VU)

犬科 Canidae

33. 狼 *Canis lupus*
英文名：Gray Wolf

形态特征：犬科中体型最大者，成体体长在 1 米以上，耳直立，吻尖口宽。被毛较长而略显蓬松。尾长适中而显得粗，不上卷，尾毛蓬松，毛尖黑色显著。整个头部、背部以及四肢外侧毛色黄褐、棕灰，杂有灰黑色毛，但四肢内侧及腹部毛色较淡，白色或污白色。狼的毛色常因栖息环境不同和季节变化而有差异。前足 5 趾，后足 4 趾。

生态习性：狼的适应性很强，栖息范围包括苔原、草原、森林、荒漠、农田等多种生境。海拔高度也不限制其分布，在青藏高原，狼的分布很广，密度也较大。狼喜欢在人类干扰少、食物丰富、有一定隐蔽条件的环境中生存，一般为单只、成对、数只或数十只一起游荡，在繁殖季节集成小群。狼群的大小变化很大，常因季节和捕食情况的不同而改变。冬天常见卧息于避风向阳的山谷、坡地休息，取暖。捕食对象大到野牦牛、藏羚、原羚类、盘羊、岩羊等，小到各种兔类、鼠兔和鼠类。雌狼怀孕期约为 2 个月，3—4 月间产仔，每胎 6—7 仔。

地理分布：国内主要分布于山东、山西、河南、青海、新疆、河北、内蒙古、辽宁、吉林、黑龙江、江苏、浙江、湖北、广东、广西、四川、贵州、云南、西藏、陕西、甘肃、宁夏、福建、湖南、江西、天津、北京和重庆。

保护级别：国家Ⅱ级重点保护野生动物；中国生物多样性红色名录 - 近危（NT）。

ཁྱིའི་ཚན་པ། Canidae

33. སྤྱང་ཀི། *Canis lupus*

དབྱིན་ཡིག་གི་མིང་། Gray Wolf

གཟུགས་དབྱིབས་ཁྱད་ཆོས། སྤྱང་ཀི་ནི་ཁྱི་ཚན་ནང་གི་གཟུགས་གཞི་ཆེས་ཆེ་བའི་གྲས་ཡིན་པ་དང་། དར་མའི་རིང་ཚད་ལ་སྨི1ཡན་ཡོད། སྤྱང་ཀིའི་རྣ་བ་དྲང་མོར་ལངས་པ་དང་། མཆུ་རྩེ་ཞིང་ཆེ། སྤུ་རྩུང་རིང་ཞིང་ཐེང་ཡོད། རྔ་མའི་རིང་ཐུང་འཚམ་ཞིང་སྦོམ་པོ་ཡིན། མགོ་ཡོངས་དང་རྒྱབ་དང་དེ་མིན་སུག་བཞི་ཡི་ཕྱི་གཞོགས་ཀྱི་སྤུ་མདོག་སེར་སྐྱ་དང་ཐལ་སྐྱ་ཡིན་ལ། དེའི་ནང་དུ་སྤུ་ནག་པོ་འདྲེས་ཡོད་མོད། འོན་ཀྱང་སུག་བཞིའི་ནང་ངོས་དང་ལྟོ་ངོས་ཀྱི་སྤུ་རྩུང་སྲབ་ལ་མདོག་དཀར་པོའམ་ཡང་ན་དཀར་སྐྱ་ཡིན། སྤྱང་ཀི་ཡི་སྤུ་མདོག་ནི་རྒྱུན་པར་ཁོར་ཡུག་མི་འདྲ་བ་དང་དུས་ཚིགས་མི་འདྲ་བ་དང་བསྟུན་ནས་འགྱུར་ལྡོག་བྱུང་བས་ཁྱད་པར་ཡོད། མདུན་སུག་ལ་མཛུབ་ཀང5དང་། རྒྱབ་སུག་ལ་མཛུབ་ཀང4ཡོད།

སྐྱེ་ཁམས་གོམས་གཤིས། སྤྱང་ཀི་ལ་མཐུན་འགྱོད་ཀྱི་རང་བཞིན་ཆེན་པོ་ལྡན། འཚོ་སྡོད་ཀྱི་ཁྱབ་ཁོངས་སུ་ཐོ་དྲིག་དང་རྩྭ་ཐང་། ནགས་ཚལ། ཐང་སྟོད། ཞིང་ས་སོགས་ཁོར་ཡུག་སྣ་ཚོགས་ཡོད། ས་བབ་མཐོ་

ཚད་ཀྱང་ཚད་བཀག་མེད། མདོ་དབུས་མཐོ་སྒང་དུ་སྤྱང་གི་ཁྱབ་ཀྱ་ཆེ་ལ་ཁ་གྲངས་ཀྱང་ཅུང་མང་། སྤྱང་གི་ནི་མིའི་རིགས་ཀྱིས་འགལ་རྐྱེན་བཟོ་བ་ཉུང་བ་དང་། ཟས་རིགས་ཕུན་སུམ་ཚོགས་པ། མི་མངོན་པའི་ཆ་རྐྱེན་ངེས་ཅན་ཡོད་པ་བཅས་ཀྱི་ཁོར་ཡུག་ཏུ་འཚོ་རྒྱུར་དགའ་པོ་ཡོད། སྤྱིར་བཏང་དུ་ཁེར་རྐྱང་དང་ཆ་གཉིས་ཡང་ན་བཅུ་ལྷག་མཉམ་དུ་འཁྲུམས་ནས་འགྲོ་བཞིན་ཡོད་ལ། སྐྱེ་འཕེལ་དུས་ཚིགས་སུ་ཁྱུ་ཚོགས་ཆུང་འདུས་བྱས་ཡོད། སྤྱང་ཁྱུ་ཡི་ཆེ་ཆུང་ལ་འགྱུར་ལྡོག་ཧ་ཅང་ཆེ། དུས་ཚིགས་དང་ཟན་འཚོལ་གྱི་གནས་ཚུལ་མི་འདྲ་བའི་དབང་གིས་འགྱུར་ལྡོག་འབྱུང་བཞིན་ཡོད། དགུན་ཁར་ཆུང་གཡོལ་ཉིན་ཁའི་གྲོག་རོང་དང་རི་ལྡེབས་སུ་ངལ་གསོ་དང་ཟྭད་ལེན་པ་རྒྱུན་དུ་མཐོང་རྒྱུ་ཡོད། ཟོན་རྒྱག་ཡུལ་གཙོ་བོ་ནི་འབྲོང་དང་གཙོད། དགོ་བའི་རིགས། ལུག་གི་རིགས། གནའ་བ་སོགས་ཡིན་པ་དང་། ཆུང་བ་རི་བོང་རིགས་དང་བྱི་བའི་རིགས་ཡིན། མོ་ལ་ཕྲུ་གུ་འཁོར་བའི་དུས་ཚོད་ཟླ2ཙམ་ཡིན་པ་དང་ཟླ3—4པའི་བར་ཕྲུ་གུ་བཙའ་བཞིན་ཡོད། ཐེངས་རེར་ཕྲུ་གུ6—7བར་བཙའ་བཞིན་ཡོད།

ས་ཁམས་ཁྱབ་ཚུལ། རྒྱལ་ནང་དུ་གཙོ་བོར་ཧྲན་ཏུང་དང་ཧྲན་ཞི། ཧོ་ནན། མཚོ་སྔོན། ཞིན་ཅང་། ཧོ་པེ། ནང་སོག ལེའོ་ཉིང་། ཅི་ལིན། ཧེ་ལུང་ཅང་། ཅང་སུའུ། ཀྲེ་ཅང་། ཧུའུ་པེ། ཀོང་ཏུང་། ཀོང་ཞི། སི་ཁྲོན། ཀུའེ་ཀྲོའུ། ཡུན་ནན། བོད་ལྗོངས། ཧྲའན་ཞི། ཀན་སུའུ། ཉིང་ཞ། ཐའེ་ཝན། ཧུའུ་ནན། ཅང་ཞི། ཐེན་ཅིན། པེ་ཅིང་། ཁྲུང་ཆིང་བཅས་སུ་ཁྱབ་ཡོད།

སྲུང་སྐྱོབ་རིམ་པ། རྒྱལ་ཁབ་ཀྱི་རིམ་པ II གཙོ་གནད་སྲུང་སྐྱོབ་བྱ་བའི་རི་སྐྱེས་སྲོག་ཆགས། ཀྲུང་གོའི་སྐྱེ་དངོས་སྣ་མང་རང་བཞིན་གྱི་མིང་ཐོ་དམར་པོ་ལས་འཇིག་ཉེན་ཆེ་བའི་རིགས་ཡིན།（NT）

34. 豺 *Cuon alpinus*

英文名：Dhole

形态特征：身长 1 米左右，体形似犬，大于狐而小于狼。头宽，额低，耳圆，尾粗，尾毛长 14 厘米。头骨似狼而略长些，鼻骨亦长。全身毛长，通体毛色呈棕褐色，毛尖黑色，背部色深，两肋较浅。头上暗棕色，吻部浅褐色，鼻梁周围黑褐，鼻端黑色。耳内侧毛长，呈乳白色，耳背棕褐。胸、腹色淡，呈乳白色。四肢外侧呈浅淡棕色。尾巴背部有一条黑色纹，末端 2/5 全为黑色。

生态习性：豺的栖息环境较为广泛，包括森林、丘陵和荒漠草原，性耐寒。群居性，经常组成 5—10 只或 10 只以上的大群共同出没。采取围攻的办法，集体猎食，捕杀岩羊、麝类、灰尾兔和啮齿类动物。每年 1—3

月为繁殖期，妊娠期为 66—69 天，每胎产 4—9 仔。

地理分布：国内主要分布于新疆、青海、黑龙江、西藏、浙江、山西、内蒙古、吉林、辽宁、江苏、安徽、福建、江西、湖北、湖南、河南、广东、广西、四川、贵州、云南、陕西、宁夏和重庆。

保护级别：国家 I 级重点保护野生动物；中国生物多样性红色名录 - 濒危（EN）。

34. འཕར་བ། *Cuon alpinus*
དབྱིན་ཡིག་གི་མིང་། Dhole

གཟུགས་དབྱིབས་ཁྱད་ཆོས། གཟུགས་པོའི་རིང་ཚད་ལ་སྨི1ཡས་མས་ཡོད་པ་དང་། གཟུགས་པོའི་བཟོ་ལྟ་ནི་ཁྱི་དང་འདྲ་ཞིང་། ཕ་ལས་ཆེ་ལ་སྤྱང་ཀི་ལས་ཆུང་། མགོ་ཞེང་ཆེ་ལ་དཔྲལ་ཚད་དམའ། རྣ་སྒོར་མོ་ཡིན་ལ་རྔ་མ་སྦོམ་པོ་ཡིན། རྔ་མའི་རིང་ཚད་ལ་ལི་སྨི14ཡོད། མགོ་རུས་ནི་སྤྱང་ཀི་དང་འདྲ་བར་ཐུང་རིང་ལ་སྣ་ཡང་རིང་། ལུས་ཡོངས་ཀྱི་སྤུ་རིང་ཞིང་སྤུ་མདོག་སྨུག་པོ་ཡིན་ལ་སྤུ་རྩེ་ནག་པོ་ཡིན། རྒྱབ་ཀྱི་ཁ་དོག་སྨུག་ལ་མགོ་ཡི་སྤུ་ནི་སྨུག་ནག་དང་། མཆུ་ཏོ་ཁམ་སྐྱ། སྣ་གདུང་གི་མཐའ་ཁམ་ནག་ཡིན་ལ་སྣ་རྩེ་ནག་པོ་ཡིན། རྣ་ནང་གི་སྤུ་རིང་ལ་མདོག་དཀར་ཞིང་རྣ་རྒྱབ་ཀྱི་མདོག་ནི་སྨུག་པོ་ཡིན། བྲང་དང་གསུས་པའི་མདོག་ནི་དཀར་སྐྱ་ཡིན། སུག་བཞི་ཡི་ཕྱི་ཡི་མདོག་ནི་སྨུག་སྐྱ་ཡིན་ལ་རྔ་མའི་རྒྱབ་ངོས་སུ་རི་མོ་ནག་པོ་ཞིག་ཡོད་ཅིང་། རྔ་མཇུག་གི2/5ཚང་མ་ནག་པོ་ཡིན།

སྐྱེ་ཁམས་གོམས་གཤིས། འཕར་བའི་འཚོ་སྡོད་ཁོར་ཡུག་ཐུང་རྒྱ་ཆེ་ཞིང་། དེའི་ཁོངས་སུ་ནགས་ཚལ་

དང་རི་མ་ཐང་། སྒྱ་ངམ་ཐང་བཅས་ཀྱི་རྩ་ཐང་ཚུད་ཡོད་ཅིང་། གྲང་ངར་ཐེག་ཐུབ་ཀྱི་ཡོད། ཁྲུ་ཚོགས་བྱས་ནས་འགྲོ་ལ། རྒྱུན་པར་ཁ་གྲངས5—10བར་དང་ཡང་ན10ཡན་གྱི་ཁྲུ་ཚོགས་ཆེན་པོ་ཞིག་གྲུབ་ནས་འགྲོ་འོང་བྱེད་ཀྱིན་ཡོད། སྐོར་རྒོལ་གྱི་བྱེད་ཐབས་སྤྱད་དེ་མཉམ་དུ་རྫོན་པས། གནའ་བ་དང་སྨྲ་བའི་རིགས། རི་བོང་དང་སོ་མི་བརྗེ་བའི་རིགས་ཀྱི་སྲོག་ཆགས་བསད་ནས་ཟ་བཞིན་ཡོད། ལོ་རེའི་ཟླ1—3པའི་བར་ནི་སྐྱེ་འཕེལ་དུས་རིམ་ཡིན་པ་དང་། མངལ་སྦྲུམ་པའི་ཉིན66—69བར་ཡིན། བཙའ་ཐེངས་རེར་ཕྲུ་གུ4—9བཙའ་བཞིན་ཡོད།

ས་ཁམས་ཁྱབ་ཚུལ། རྒྱལ་ནང་དུ་གཙོ་བོར་ཞིན་ཅང་དང་མཚོ་སྔོན། ཧེ་ལུང་ཅང་། བོད་ལྗོངས། གྱི་ཅང་། ཧྲན་ཞི། ནང་སོག ཅི་ལིན། ལེའོ་ཉིང་། ཅང་སུའུ། ཨན་ཧུའེ། ཧྲུའུ་ཅན། ཅང་ཞི། ཧུའུ་པེ། ཧུའུ་ནན། ཧོ་ནན། ཀོང་ཏུང་། ཀོང་ཞི། སི་ཁྲོན། ཀུའེ་ཀྲོའུ། ཡུན་ནན། ཧྲའན་ཞི། ཉིང་ཞ། ཁྲུང་ཆིང་བཅས་སུ་ཁྱབ་ཡོད།

སྲུང་སྐྱོབ་རིམ་པ། རྒྱལ་ཁབ་ཀྱི་རིམ་པ I གཙོ་གནད་སྲུང་སྐྱོབ་བྱ་བའི་རི་སྐྱེས་སྲོག་ཆགས་དང་། ཀྲུང་གོའི་སྐྱེ་དངོས་སྣ་མང་རང་བཞིན་གྱི་མིང་ཐོ་དམར་པོ་ལས་འཛིག་ཉེན་ཆེ་བའི་རིགས་ཡིན། (EN)

35. 藏狐 *Vulpes ferrilata*
英文名：Tibetan Fox

形态特征：体背、体侧及腹部毛色的界限彼此分明。整个上体包括耳背呈现黄色或黄棕色，体侧为均匀的灰白色，与上背和白色的腹部之间具有明显的分界线。下体从下唇开始往后一直到尾基，包括四肢内侧均为白色。四肢外侧淡黄色。尾蓬松，较短。尾毛大部分为灰色，仅尾尖为白色。

生态习性：藏狐是典型的高原物种，大多分布在海拔 3400 米以上地区。喜在开阔的环境中活动，常在日间出没。通常利用喜马拉雅旱獭的洞穴作为自己的居住场所，洞口周围堆有大量从洞穴深处挖掘出来的泥和石块。食物主要是各种鼠兔和灰尾兔，有时也捕食一些鸟类，如棕颈雪雀、高原山鹨、角百灵等。繁殖期开始于 2 月末至 3 月初，妊娠期约 50—60 天，4—

5 月产仔，每胎产 2—5 仔。

地理分布：国内主要分布于新疆、青海、甘肃、四川、云南和西藏。

保护级别：国家Ⅱ级重点保护野生动物；中国生物多样性红色名录 - 近危（NT）。

35. བོད་ཝ། *Vulpes ferrilata*
དབྱིན་ཡིག་གི་མིང་། Tibetan Fox

གཟུགས་དབྱིབས་ཁྱད་ཆོས། ལུས་པོའི་རྒྱབ་ངོས་དང་གཞོགས་གཉིས། གསུས་པའི་སྨུ་མདོག་བཅས་ཀྱི་དབྱེ་མཚམས་གསལ་པོ་ཡིན། ལུས་སྟེང་ཡོངས་དང་རྣ་རྒྱབ་ཀྱི་མདོག་ནི་སེར་པོའམ་སེར་སྨུག་ཡིན་པ་དང་། ལུས་པོའི་གཞོགས་གཉིས་ཀྱི་མདོག་ནི་དཀར་སྐྱ་ཡིན་ལ། སྟོད་རྒྱབ་དང་དཀར་པོ་ཡིན་པའི་གསུས་པའི་བར་དུ་དབྱེ་མཚམས་གསལ་པོ་ཡོད། ལུས་འོག་གི་མ་མཆུ་ནས་མཇུག་མའི་བར་དང་། ཡན་ལག་བཞི་ཡི་ནང་ངོས་ཚང་མ་དཀར་པོ་ཡིན། སུག་བཞི་ཡི་ཕྱི་ངོས་སེར་པོ་ཡིན། རྔ་མ་ཐུང་བ་དང་རྔ་མའི་སྨུ་མང་ཆེ་བ་ནི་སྐྱ་བོ་ཡིན་པ་དང་། རྔ་རྩེ་ཙམ་ནི་དཀར་པོ་ཡིན།

སྐྱེ་ཁམས་གོམས་གཤིས། བོད་ཝ་ནི་དཔེ་མཚོན་གྱི་ས་མཐོའི་སྐྱེ་དངོས་རིགས་ཤིག་ཡིན་པ་དང་མང་ཆེ་བ་མཚོ་ངོས་ལས་མཐོ་ཚད་སྨི3400ཡན་གྱི་ས་ཁུལ་དུ་གནས་ཡོད། ཁོར་ཡུག་ཡངས་ཤིང་རྒྱ་ཆེ་བའི་ཁྲོད་དུ་

འགྱུལ་སྐྱོད་བྱེད་པར་དགའ་བ་དང་། རྒྱུན་དུ་ཉིན་མོ་ཕར་འགྲོ་ཚུར་འོང་བྱེད་ཀྱིན་ཡོད་ལ། དེ་མ་ལ་ཡའི་འཕྲི་བ་ཡི་ས་དོང་བཀོལ་ནས་རང་ཉིད་ཀྱི་སྡོད་གནས་བྱས་ཏེ། བྲག་ཕུག་གི་མཐའ་སྐོར་དུ་དོང་ཕུག་ལས་སྦྱོག་འདོན་བྱས་པའི་འདམ་དང་རྡོ་མང་པོ་ཡོད། ཟས་རིགས་ནི་གཙོ་བོར་བྱི་བ་དང་རི་བོང་གི་རིགས་དང་སྐབས་འགར་ཡང་འདབ་ཆགས་རིགས་ཁ་ཤས་ཏེ། དཔེར་ན་རི་སྐྱེ་བྱ་ཕོ་དང་གངས་བྱེའུ། ཅུར་བ། འཛོལ་མོ་སོགས་ཟ་བཞིན་ཡོད། སྐྱེ་འཕེལ་དུས་ཚོད་ཟླ2པའི་ཟླ་མཇུག་ནས་ཟླ3པའི་ཟླ་འགོའི་བར་ཡིན་པ་དང་། མངལ་ཆགས་པའི་ཉིན50—60བར་ཡིན་པ། ཟླ4—5པའི་བར་ཕྲུ་གུ་བཙའ་བཞིན་ཡོད་ལ། བཙའ་ཐེངས་རེར་ཕྲུ་གུ2—5བར་བཙའ་བཞིན་ཡོད།

ས་ཁམས་ཁྱབ་ཚུལ། རྒྱལ་ནང་དུ་གཙོ་བོར་ཞིན་ཅང་དང་མཚོ་སྔོན། ཀན་སུའུ། སི་ཁྲོན། ཡུན་ནན། བོད་ལྗོངས་བཅས་སུ་ཁྱབ་ཡོད།

སྲུང་སྐྱོབ་རིམ་པ། རྒྱལ་ཁབ་ཀྱི་རིམ་པ II གཙོ་གནད་སྲུང་སྐྱོབ་བྱ་བའི་རི་སྐྱེས་སྲོག་ཆགས། ཀྲུང་གོའི་སྐྱེ་དངོས་སྣ་མང་རང་བཞིན་གྱི་མིང་ཐོ་དམར་པོ་ལས་འཇིག་ཉེན་ཆེ་བའི་རིགས་ཡིན། (NT)

36. 赤狐 *Vulpes vulpes*
英文名：Red Fox

形态特征：体型最大、最常见的狐狸。形似小的家犬，吻短尖。被毛松软。尾粗长，往往超过头体长的一半，行动时常下垂拖至地面。四肢、耳壳均比藏狐长。头额、颈背、前背呈浅棕黄色，后背稍呈黄褐色。体侧颜色稍淡于背部,一般呈现乳黄或者浅黄色。耳背暗褐或黑褐色。颈下、胸、腹部以及前后腿内侧呈白色至污白色。四肢有隐约的暗纹。除尾端白色外，尾巴其余部分色调与体背颜色相同。毛色个体差异变化较大，在同一地区发现有灰黄褐色、棕黄色和鲜黄褐色的个体，也有偏向于黑色（黑化）的个体。

生态习性：赤狐的适应性强，日夜均可活动。利用旱獭洞或者山岩的缝隙深处做巢。大雪季节，经常潜至农舍附近觅食，偶尔也会盗食家畜。夏季猎食一些雉、鹑等鸟类。雌性妊娠期约为 2—3 个月，于 3—4 月间产仔于土穴或树洞里，每胎多为 5—6 仔，最多可达 13 仔。

地理分布:国内主要分布于吉林、山西、河南、黑龙江、内蒙古、湖南、北京、河北、辽宁、江苏、浙江、安徽、福建、江西、山东、湖北、广东、广西、四川、贵州、云南、西藏、陕西、甘肃、青海、宁夏、新疆、香港和重庆。

保护级别：国家Ⅱ级重点保护野生动物；中国生物多样性红色名录－近危（NT）。

36. ཝ་དམར། *Vulpes vulpes*
དབྱིན་ཡིག་གི་མིང་། Red Fox

གཟུགས་དབྱིབས་ཁྱད་ཆོས། ཝ་དམར་ནི་ཝ་མོའི་རིགས་ལས་གཟུགས་གཞི་ཆེས་ཆེ་ཞིང་རྒྱུན་མཐོང་ཞིག་ཡིན། བཟོ་ལྟ་ནི་ཁྱི་ཕྲུག་དང་འདྲ། མཆུ་རིང་ལ་རྩེ་རྩེ་ཞིག་ཡིན། ཝ་སྐྱུ་འཇམ་པོ་ཡིན་ལ་མཇུག་མ་སྦོམ་པའི་དབང་གིས་མགོའི་རིང་ཚད་ཀྱི་ཕྱེད་ཀ་ལས་བརྒལ་བ་དང་། འགྲུལ་སྐྱོད་བྱེད་དུས་རྟག་པར་ཐུར་དུ་དཔྱངས་ནས་ས་ངོས་སུ་འདྲུད་ཀྱིན་ཡོད། ཞུག་བཞི་དང་རྣ་བ་གཉིས་ཀ་ཝ་ལས་རིང་། མགོའི་དཔྲལ་བ་དང་སྐེ་ལྟག རྒྱབ་ཕྱོགས་ཀྱི་མདོག་ནི་སྨུག་སེར་ཡིན་ལ། སྐལ་བ་ཅུང་སེར་པོ་ཡིན། ལུས་པོའི་གཞོགས་གཉིས་ཀྱི་མདོག་ནི་སྐལ་བ་ལས་ཅུང་སྲབ་ལ་སྐྱིར་བཏང་དུ་དཀར་པོ་དང་སེར་སྐྱ་ཡིན། རྣ་རྒྱབ་སྨུག་པོའམ་སྨུག་སྐྱ། སྐེ་འོག་དང་བྲང་ཁ། གསུས་ཁ། དེ་མིན་རྒྱབ་མདུན་གྱི་ཞུག་པའི་ནང་ངོས་ཀྱི་མདོག་དཀར་པོ་ནས་དཀར་སྐྱ་ཡིན། ཞུག་བཞིའི་སྟེང་ན་སྔོག་ཐུར་གྱི་རི་མོ་ཡོད། མཇུག་སྒའི་ཁ་དོག་དཀར་པོ་ཡིན་པ་ལས་གཞན་མཇུག

མའི་ཁ་དོག་ནི་སྐལ་བའི་ཁ་དོག་དང་མཚུངས། ཕ་དམར་གྱི་སྨུ་མདོག་ནི་བྱེ་བྲག་གི་དབང་གིས་ཁྱད་པར་ཆུང་ཆེ་སྟེ། ས་ཁུལ་གཅིག་ཏུ་ཁ་དོག་ཁམ་སེར་དང་སྨུག་སེར། ཁམ་དཀར་བཅས་ཡོད་ལ་བྱེ་བྲག་ཏུ་ནག་པོ་ཡང་ཡོད་པ་རེད།

སྐྱེ་ཁམས་གོམས་གཤིས། ཕ་དམར་གྱི་མཐུན་འཕྲོད་རང་བཞིན་ཆེ་བས། ཉིན་མཚན་ཀུན་ཏུ་འགུལ་སྐྱོད་བྱེད་ཐུབ། འཕྱི་བ་ཡི་ཁུང་བུ་དང་ཡང་ན་བྲག་རྡོའི་བར་གསེང་གི་ཁྲོད་ནས་ཚང་བཟོ་བཞིན་ཡོད། ཁ་བ་འབབ་པའི་དུས་སུ། རྒྱུན་དུ་ཞིང་བའི་ཁང་བའི་ཉེ་འགྲམ་དུ་འཛུལ་ནས་ཟན་འཚོལ་བ་དང་། མཚམས་རེར་སྒོ་ཕྱུགས་ཀྱང་རྫོན་བཞིན་ཡོད། དབྱར་དུས་སུ་བྱ་དེ་དང་སྲིག་པ་སོགས་འདབ་ཆགས་རིགས་ཁ་ཤས་རྫོན་རྒྱག་གིན་ཡོད། མོ་རིགས་ལ་མངལ་སྦྲུམ་པའི་དུས་ནི་ཟླ2—3ཡིན་ལ། ཟླ3—4ཡི་བར་དུ་ས་དོང་ངམ་ཡང་ན་སྦོང་ཕུག་ཏུ་ཕྲུ་གུ་བཙའ་དགོས། ཐེངས་རེར་ཕྲུ་གུ5—6བཙའ་བ་དང་ཆེས་མང་ན་ཕྲུ་གུ13བཙའ་བཞིན་ཡོད།

ས་ཁམས་ཁྱབ་ཚུལ། རྒྱལ་ནང་དུ་ཅི་ལིན་དང་ཧྲན་ཞི། ཧོ་ནན། ཧེ་ལུང་ཅང་། ནང་སོག ཧྲའུ་ནན། པེ་ཅིང་། ཧོ་པེ། ལེའོ་ཉིང་། ཅང་སུའུ། ཀྲེ་ཅང་། ཨན་ཧུའེ། ཧྲུའུ་ཅན། ཅང་ཞི། ཧྲན་ཏུང་། ཧྲའུ་པེ། ཀོང་ཏུང་། ཀོང་ཞི། སི་ཁྲོན། ཀུའེ་ཀྲོའུ། ཡུན་ནན། བོད་ལྗོངས། ཧྲའན་ཞི། གན་སུའུ། མཚོ་སྔོན། ཉིང་ཞ། ཞིན་ཅང་། ཞང་ཀང་། ཁྲུང་ཆིང་བཅས་སུ་ཁྱབ་ཡོད།

སྲུང་སྐྱོབ་རིམ་པ། རྒྱལ་ཁབ་ཀྱི་རིམ་པ II གཙོ་གནད་སྲུང་སྐྱོབ་བྱ་བའི་རི་སྐྱེས་སྲོག་ཆགས། ཀྲུང་གོའི་སྐྱེ་དངོས་སྣ་མང་རང་བཞིན་གྱི་མིང་ཐོ་དམར་པོ་ལས་འཛིག་ཉེན་ཆེ་བའི་རིགས་ཡིན། (NT)

鼬科 Mustelidae

37. 香鼬 *Mustela altaica*
英文名：Mountain Weasel

形态特征：身体小而纤细，尾毛短而紧密。雌性较雄性小。尾长超过头体长的 1/2，尾毛短而不蓬松。四肢短，耳壳也短。雌性乳头 8 枚。体色变异较大，背部呈暗棕色、棕黄色、浅棕褐色或浅黄褐色，头额部的颜色较背部略暗，吻周、颏部为乳白色或污白色，下体余部为深浅不一的鲜黄色，四肢上部及尾与体背同色，足背染有淡白色斑。

生态习性：香鼬大多数时间独自活动，昼行性，晨昏活动更频繁。有贮存食物的习惯。喜穴居，但不擅长挖洞，常利用鼠类等其他动物的洞穴为巢，或栖居于岩缝、石堆和树洞。性情机敏，行动迅速，善于快速奔跑、游泳和爬树。雌性香鼬妊娠期大约为 30—40 天，5—6 月生产，幼仔产在洞穴中，每胎产 6—8 仔。

地理分布：国内主要分布于山西、青海、新疆、内蒙古、辽宁、吉林、黑龙江、四川、西藏、甘肃、宁夏、湖北和重庆。

保护级别：中国生物多样性红色名录－近危（NT）。

བྲེ་རིགས་ཀྱི་ཚན་པ། Mustelidae

37. སྲེ་ཆུང་། *Mustela altaica*
དབྱིན་ཡིག་གི་མིང་། MountainWeasel

གཟུགས་དབྱིབས་ཁྱད་ཆོས། སྲེ་མོང་གི་ལུས་པོ་ཆུང་ཞིང་ཕྲ་ལ་རྔ་མའི་སྤུ་ཐུང་ལ་སྟུག་པོ་ཡིན། མོ་ནི་ཕོ་རིགས་ལས་ཅུང་ཆུང་། རྔ་མའི་རིང་ཚད་མགོ་གཟུགས་ཀྱི1/2ལས་བརྒལ་བ་དང་། རྔ་མའི་སྤུ་ཐུང་ཞིང་ཟིང་མེད། རྐང་ལག་ཐུང་ལ་རྣ་ཤྭགས་ཀྱང་ཐུང་། མོ་རིགས་ལ་ནུ་མགོར8ཡོད། ལུས་ཀྱི་ཁ་དོག་ལ་འགྱུར་ལྡོག་ཅུང་ཆེ་སྟེ། རྒྱབ་ཀྱི་ཁ་དོག་ཁམ་སེར་དང་སེར་སྐྱ། སྨུག་པོ་བཅས་ཡིན་ལ། ཐོད་པའི་ཁ་དོག་དེ་རྒྱབ་དང་བསྡུར་ན་ཅུང་ནག་པོ་ཡིན། མཆུ་ཧྲོའི་འགྲམ་དང་མ་ནེ་ཡི་མདོག་ནི་དཀར་པོའམ་ཡང་ན་དཀར་སྐྱ་ཡིན། འོག་སྨད་ཀྱི་སྤུ་སྲབ་སྟུག་མི་འདྲ་བའི་ཁ་དོག་སེར་པོ་ཡིན་པ་དང་། སུག་བཞི་ཡི་སྟོད་དང་རྔ་མའི་མདོག་ནི་རྒྱབ་ཀྱི་ཁ་དོག་དང་གཅིག་མཚུངས་ཡིན། རྐང་སུག་གི་མདོག་ནི་དཀར་ཁྲ་ཡིན།

སྐྱེ་ཁམས་གོམས་གཤིས། སྲེ་ཆུང་མང་ཆེ་བ་ནི་ཁེར་རྐྱང་དུ་འགྲུལ་སྐྱོད་བྱེད་པ་དང་། ཉིན་མོར་

འགྲུལ་སྐྱོད་བྱེད་པ་དང་། ཞོགས་པ་དང་ས་སྲོད་ལ་འགྲུལ་སྐྱོད་བྱེད་པ་ཤིན་ཏུ་མང་། ཟས་རིགས་གསོག་ཉར་བྱེད་པའི་གོམས་གཤིས་ཡོད། ཁྱུང་བུའི་ནང་དུ་སྡོད་པར་དགའ་ཡང་དོང་བརྐོ་བར་མི་མཁས། ཚང་ནི་བྱི་བ་སོགས་སྲོག་ཆགས་གཞན་པས་བཟོས་པའི་དོང་ཕུག་ཡིན་པ་དང་། ཡང་ན་བྲག་སྦུབས་དང་རྫ་ཕུང་། ཤིང་ཁྱུང་བཅས་སུ་སྡོད་པར་མཁས། སྲེ་ཆུང་ནི་ནམ་རིག་གསལ་བ་དང་། ལུས་པོ་ལྡེམ་སྙུར་ཆེ་བས་མགྱོགས་མྱུར་དུ་རྒྱུགས་ཐུབ་ལ། ཆུ་རྒྱལ་བ་དང་ཤིང་སྡོང་མགོར་འཛེག་པ་ལའང་མཁས། མོ་ཡི་མངལ་སྦྲུམ་པའི་ཉིན30—40བར་ཡིན། ཟླ5—6པའི་བར་ཕྲུ་གུ་བཙའ་བ་དང་། ཕྲུ་གུ་དེ་དོང་ཕུག་ནང་དུ་བཙས་ཤིང་། བཙའ་ཐེངས་རེར་ཕྲུ་གུ6—8བར་བཙའ་བཞིན་ཡོད།

ས་ཁམས་ཁྱབ་ཚུལ། རྒྱལ་ནང་དུ་གཙོ་བོར་ཧྲན་ཞི་དང་མཚོ་སྔོན། ཞིན་ཅང་། ནང་སོག ལེའོ་ཉིང་། ཅི་ལིན། ཧེ་ལུང་ཅང་། སི་ཁྲོན། བོད་ལྗོངས། ཀན་སུའུ། ཉིང་ཞ། ཧུའུ་པེ། ཁྲུང་ཆེང་བཅས་སུ་ཁྱབ་ཡོད།

སྲུང་སྐྱོབ་རིམ་པ། ཀྲུང་གོའི་སྐྱེ་དངོས་སྣ་མང་རང་བཞིན་གྱི་མིང་ཐོ་དམར་པོ་ལས་འཛིག་ཉེན་ཆེ་བའི་རིགས་ཡིན།（NT）

38. 欧亚水獭 *Lutra lutra*
英文名：Eurasian Otter

形态特征：成体体长60—80厘米，体型呈圆柱状，尾长在40厘米左右，尾基至尾端逐渐变细。头部略扁而宽。耳壳小而圆，位于头部后侧稍靠下位置。四肢甚短，趾间具蹼，爪短而尖。通体被毛，短而致密，底绒丰满，具有丝绢光泽。通体几乎均为纯巧克力色，上体、尾背的色调略深于体腹等处。喉、颈下一带略呈微灰白色。

生态习性：欧亚水獭为半水栖兽类，多栖息于江河、湖岸边，特别在水流分叉处较为多见。常在岸边的大石缝、树根下或桥墩附近的缝隙筑巢，白天大多在巢穴内休息，晚间出洞进入水中活动。除繁殖期外，一般为独自生活。食物主要是鱼类，偶尔也捕捉鸟类、小型兽类、青蛙、虾、蟹等动物，有时还吃一些植物。水獭没有明显的繁殖季节，一年四季都能繁殖，但主要在春季和夏季。妊娠期大约为 2 个月，一般在冬季产仔，每胎产 1—5 仔。

地理分布：国内主要分布于山西、湖南、海南、江苏、浙江、河南、内蒙古、辽宁、吉林、黑龙江、上海、安徽、福建、江西、湖北、广东、香港、广西、四川、贵州、云南、西藏、陕西、甘肃、青海、新疆、台湾和重庆。

保护级别：国家Ⅱ级重点保护野生动物；中国生物多样性红色名录 - 濒危（EN）。

38. ཨོ་ཡ་ཆུ་སྲམ། *Lutra lutra*
དབྱིན་ཡིག་གི་མིང་། Eurasian Otter

གཟུགས་དབྱིབས་ཁྱད་ཆོས། ཆུ་སྲམ་དར་མའི་གཟུགས་ཀྱི་རིང་ཚད་ལི་སྨི60—80ཡིན། གཟུགས་དབྱིབས་ཀ་ཀླུམ་གྱི་དབྱིབས་ཡིན། རྔ་མའི་རིང་ཐུང་ལི་སྨི40ཡས་མས་ཡིན། རྔ་མའི་རྩད་པ་ནས་མཇུག་སྣེའི་བར་དུ་རིམ་བཞིན་ཕྲ་མོར་འགྱུར། མགོ་ལེབ་ལེབ་ཡིན་ལ་ཞེང་ཆེ། རྣ་སྐོགས་ཆུང་ལ་སྒོར་མོ་ཡིན་ལ་མགོ་རྒྱབ་ཀྱི་ཅུང་འོག་གནས་སུ་ཡོད། སུག་བཞི་ཏ་ཅང་ཐུང་བ་དང་། སྡེར་མོའི་བར་དུ་སྐྱི་མོ་ཡོད། སྡེར་མོ་ཐུང་ཞིང་རྩེ་རྩེ་ཡིན། ལུས་ཡོངས་ཀྱི་སྤུ་ཐུང་ལ་ཚགས་དམ་པ་དང་། ཞབས་ཀྱི་སྤུ་སྟུག་པོ་ཡིན་ལ་དར་གོས་ཀྱི་འོད་མདངས་ལྡན། ལུས་ཀྱི་མདོག་ནི་ཕལ་ཆེར་སྨུག་ནག་ཡིན་པ་དང་། ཁོག་སྟོད་དང་མཇུག་མའི་རྒྱབ་ཀྱི་ཁ་དོག་ནི་གསུམ་གནས་ལས་ཅུང་སྟུག་པོ་ཡིན། མིད་པ་དང་སྐེ་འོག་གི་ཁུལ་ནི་ཅུང་དཀར་སྐྱ་ཡིན།

སྐྱེ་ཁམས་གོམས་གཤིས། ཡོ་རོབ་དང་ཨེ་ཤེ་ཡའི་ཆུ་སྲམ་ནི་ཆུའི་ནང་དུ་འཚོ་བའི་སྲོག་ཆགས་ཤིག་

ཡིན་ལ། མང་ཆེ་བ་གཙང་པོ་དང་མཚོའུ་ཡི་ངོགས་སུ་འཚོ་བཞིན་ཡོད་ཅིང་། ལྷག་པར་དུ་ཆུ་བཞུར་ཡུལ་དུ་མཐོང་རྒྱུ་ཡོད། དུས་རྒྱུན་དུ་མཚོ་འགྲམ་གྱི་རྡོ་སྤུབས་ཆེན་པོ་དང་། སྡོང་རྩའི་འོག་གམ་ཡང་ན་ཟམ་པའི་ཉེ་འགྲམ་གྱི་བར་གསེང་དུ་ཚང་བཟོ་བ་དང་། ཉིན་མོ་མང་ཆེ་བ་ཚང་དུ་ངལ་གསོ་བྱེད་པ་དང་། མཚན་མོར་ཚང་ནས་ཐོན་ཏེ་ཆུའི་ནང་དུ་འགུལ་སྐྱོད་བྱེད་བཞིན་ཡོད། སྤྱིར་བཏང་དུ་ཁེར་རྐྱང་དང་འཚོ་བ་ཡིན། ཟས་རིགས་ནི་གཙོ་བོར་ཉ་རིགས་ཡིན་པ་དང་། མཚམས་རེར་འདབ་ཆགས་རིགས་དང་། གཅན་གཟན་གྱི་རིགས་ཆུང་གྲས། སྦལ་བ། ཤ་སྦྲི། སྦིག་སྦིན་སོགས་འཛིན་པ་དང་། མཚམས་རེར་ད་དུང་རྩི་ཤིང་ཁ་ཤས་ཟ་བཞིན་ཡོད། ཆུ་སྲམ་ལ་སྐྱེ་འཕེལ་གྱི་དུས་ཚིགས་གསལ་པོ་མེད། ལོ་གཅིག་དུས་བཞི་ཚང་མར་རྒྱུད་སྤེལ་བྱེད་ཐུབ་མོད། འོན་ཀྱང་གཙོ་བོར་དཔྱིད་ཀ་དང་དབྱར་དུས་ཡིན། མངལ་སྦྲུམ་པའི་དུས་ཡུན་ཕལ་ཆེར་ཟླ2རིང་ཡིན་ལ། སྤྱིར་བཏང་དུ་དགུན་ཁར་ཕྲུ་གུ་བཙའ་ཞིང་། ཐེངས་རེར་ཕྲུ་གུ1—5བར་བཙའ་བཞིན་ཡོད།

ས་ཁམས་ཁྱབ་ཚུལ། རྒྱལ་ནང་དུ་གཙོ་བོར་ཧྲན་ཞི་དང་ཧུའུ་ནན། ཧའེ་ནན། ཅང་སུའུ། ཀྲེ་ཅང་། ཧོ་ནན། ནང་སོག ལེའོ་ཉིང་། ཧེ་ལུང་ཅང་། ཧྲང་ཧའེ། ཨན་ཧུའེ། ཧྥུའུ་ཅན། ཅང་ཞི། ཧུའུ་པེ། ཀོང་ཏུང་། ཤང་ཀང་། ཀོང་ཞི། སི་ཁྲོན། ཀུའེ་ཀྲོའུ། ཡུན་ནན། བོད་ལྗོངས། ཧྲའན་ཞི། ཀན་སུའུ། མཚོ་སྔོན། ཞིན་ཅང་། ཐའེ་ཝན། ཁྲུང་ཆིང་བཅས་སུ་ཁྱབ་ཡོད།

སྲུང་སྐྱོབ་རིམ་པ། རྒྱལ་ཁབ་ཀྱི་རིམ་པ II གཙོ་གནད་སྲུང་སྐྱོབ་བྱ་བའི་རི་སྐྱེས་སྲོག་ཆགས། ཀྲུང་གོའི་སྐྱེ་དངོས་སྣ་མང་རང་བཞིན་གྱི་མིང་ཐོ་དམར་པོ་ལས་འཛིག་ཉེན་ཆེ་བའི་རིགས་ཡིན། (EN)

39. 黄喉貂 *Martes flavigula*
英文名：Yellow-throated Marten

形态特征：体长 56—65 厘米，尾长 38—43 厘米，体重约 2—3 千克。体形柔软而细长，呈圆筒状。头较为尖细，略呈三角形；圆耳朵；四肢短小但强健有力，前后肢各有 5 趾，趾爪粗壮、弯曲而尖利。身体的毛色比较鲜艳，头及颈背部、身体的后部、四肢及尾巴均为暗棕色至黑色，喉胸部毛色鲜黄，因此得名。腰部呈黄褐色，其上缘还有一条明显的黑线。腹部呈灰褐色，尾巴为黑色，皮毛柔软而紧密。

生态习性：黄喉貂对环境的适应能力很强。性情凶狠，行动快速敏捷，在追赶猎物时更加迅猛，能在跑动中进行远距离的跳跃。常在白天活动，但早晚活动更加频繁。行动小心隐蔽。视觉良好。捕食从昆虫到鱼类及小型鸟兽的多种猎物，偶尔也会捕食大型雉类，如环颈雉、勺鸡、白鹇等，还可合群捕杀大型兽类，如小麂、林麝、斑羚，甚至小野猪。除动物性食物外，也采食一些野果、浆果。当食物缺乏时也吃动物的尸体，偶尔潜入村庄偷吃家禽。雌性妊娠期为 9—10 个月，次年 5 月产仔，每胎 2—4 仔。由于它的分布区范围较大，所以各地的繁殖时间可能不一致。

地理分布：国内主要分布于山西、湖南、河南、吉林、黑龙江、浙江、江苏、福建、广西、海南、四川、陕西、香港、甘肃、广东、贵州、湖北、江西、辽宁、西藏、云南、福建、重庆、台湾和安徽。

保护级别：国家Ⅱ级重点保护野生动物；中国生物多样性红色名录－易危（VU）。

39. ཨོག་དཀར། *Martes flavigula*
དབྱིན་ཡིག་གི་མིང་། Yellow–throated Marten

གཟུགས་དབྱིབས་ཁྱད་ཆོས། གཟུགས་པོའི་རིང་ཚད་ལ་ལི་སྨི56—65དང་རྔ་མའི་རིང་ཚད་ལི་སྨི38—43ཡོད་ལ། ལྗིད་ཚད་སྟོང་ཁེ2—3ཡོད། ལུས་ནི་འཇམ་ཞིང་མཉེན་ལ་ཕྲ་ཞིང་རིང་བ་ཡིན། བཟོ་ལྟ་ནི་ཟོ་དབྱིབས་སུ་སྣང་། མགོ་ཅུང་ཕྲ་ཞིང་ཟུར་གསུམ་ཡིན་པ་དང་། རྣ་སྒོར་མོ་ཡིན་ལ། རྐང་ལག་ཐུང་ཡང་སྟོབས་དང་ལྡན། རྐང་སུག་དང་ལག་སུག་མཛུབ་རྐང5རེ་ཡོད་ལ་རྐང་ཟུག་སྲོམ་པ་དང་། སྡེར་མོ་རྡོ་ཞིང་གུག་ཡོད། ལུས་ཀྱི་སྤུ་མདོག་ནི་ཁ་དོག་རྣམ་པར་བཀྲ་ཞིང་། མགོ་དང་སྐེ། སྒལ་རྒྱབ། རྐང་ལག་དང་རྔ་མ་སོགས་ནི་སྨུག་ནག་གམ་ནག་པོ་ཡིན་ལ། ལྟང་གི་སྤུ་མདོག་ནི་སེར་པོ་ཡིན་པས་མིང་དེ་ལྟར་ཐོགས་པ་ཡིན། སྐེད་པའི་སྟེང་དུ་ད་དུང་ནག་ཐིག་མངོན་གསལ་ཞིག་ཡོད། སྟོ་བ་སྨུག་སྐྱ་དང་མཇུག་མ་ནག་པོ། སྤུ་འཇམ་པོ་ཡིན།

སྐྱེ་ཁམས་གོམས་གཤིས། ཨོག་དཀར་ནི་ཁོར་ཡུག་ལ་འཕྲོད་པར་བྱེད་པའི་ནུས་པ་ཤིན་ཏུ་ཆེ། གཤིས་

ཀ་རྒྱབ་ཅིང་ལུས་ནི་བདེ་སྡུག་འཁྱུག་པོ་ཡིན་པས། རྗོན་དངོས་བདའ་སྐབས་དེ་བས་སྒྱུར་ཞིང་། དེའི་ཁྲོད་ཐག་རིང་ནས་མཆོང་ཐུབ། ཉིན་མོར་རྟག་ཏུ་འགྲུལ་སྐྱོད་བྱེད་བཞིན་ཡོད་མོད། འོན་ཀྱང་ཞོགས་དགོང་ལ་འགྲུལ་སྐྱོད་དེ་བས་མང་པོ་བྱེད་བཞིན་ཡོད། མཐོང་ཚོར་གྱི་ནུས་པ་བཟང་བས་འགྲོ་འདུག་ལ་ཤིན་ཏུ་གཟབ། གཟན་ལ་འབུ་སྲིན་ནས་ཉ་རིགས་དང་འདབ་ཆགས། རི་དྭགས་ཆུང་གྲས་ཀྱི་རྗོན་རིགས་ཟ་བ་དང་། སྐབས་འགར་བྱ་དེའི་རིགས་ཆེ་གྲས་ཟ་བ་སྟེ་དཔེར་ན། ཧི་ཕུ་སྙེ་དང་བྱ་སྐྱོགས། ཧི་ཚའི་རིགས་སོགས་ཀྱང་ཟ་སྲིད། ད་དུང་ཁྱུ་ཚོགས་བྱས་ནས་རི་དྭགས་རིགས་ཆེ་གྲས་དཔེར་ན་ཤྭ་བ་དང་གླ་བ། དགོ་བ་སོགས་ཀྱང་ཟ་བ་དང་། ཐ་ན་ཕག་རྒོད་ཆུང་གྲས་ཀྱང་གསོད་ཀྱིན་ཡོད། སྲོག་ཆགས་རང་བཞིན་གྱི་ཟས་རིགས་ལས་གཞན། རི་སྐྱེས་ཤིང་འབྲས་དང་ཁུ་ལྡན་ཤིང་འབྲས་ཀྱང་ཟ་བ་རེད། ཟས་རིགས་དཀོན་དུས་ཀྱང་སྲོག་ཆགས་ཀྱི་རོ་ཟ་བ་དང་། སྐབས་འགར་སྡེ་བའི་ནང་དུ་འཛུལ་ནས་ཁྱིམ་བྱ་བརྐུས་ནས་ཟ་བཞིན་ཡོད། མོའི་རིགས་མངལ་སྦྲུམ་པའི་དུས་ཡུན་ནི་ཟླ9—10བར་ཡིན། ཕྱི་ལོའི་ཟླ5པར་ཕྲུ་གུ་བཙའ་བ་དང་ཐེངས་རེ་ཕྲུ་གུ2—4བར་བཙའ་བཞིན་ཡོད། དེའི་ཁྱབ་ཁོངས་ཆུང་ཆེ་བས། ས་གནས་སོ་སོའི་སྐྱེ་འཕེལ་དུས་ཚོད་ཕལ་ཆེར་མི་འདྲ།

ས་ཁམས་ཁྱབ་ཚུལ། རྒྱལ་ནང་དུ་གཙོ་བོར་ཧྲན་ཞི་དང་ཧུའུ་ནན། ཧོ་ནན། ཅི་ལིན། ཧེ་ལུང་ཅང་། ཀྲི་ཅང་། ཅང་སུའུ། ཧྥུའུ་ཅན། ཀོང་ཞི། ཧའེ་ནན། སི་ཁྲོན། ཧྲའན་ཞི། ཤང་ཀང་། ཀན་སུའུ། ཀོང་ཏུང་། ཀུའེ་ཀྲོའུ། ཧུའུ་པེ། ཅང་ཞི། ལེའོ་ཉིང་། བོད་ལྗོངས། ཡུན་ནན། ཁྲུང་ཆིང་། ཐའེ་ཝན། ཨན་ཧུའེ་བཅས་སུ་ཁྱབ་ཡོད།

སྲུང་སྐྱོབ་རིམ་པ། རྒྱལ་ཁབ་ཀྱི་རིམ་པ II གཙོ་གནད་སྲུང་སྐྱོབ་བྱ་བའི་རི་སྐྱེས་སྲོག་ཆགས། ཀྲུང་གོའི་སྐྱེ་དངོས་སྣ་མང་རང་བཞིན་གྱི་མིང་ཐོ་དམར་པོ་ལས་འཛེག་ཉེན་ཆེ་བའི་རིགས་ཡིན།（VU）

40. 黄鼬 *Mustela sibirica*
英文名：Siberian Weasel

形态特征：体长32—36厘米，比香鼬大很多。四肢短，后足长45—61毫米。尾长超过头体长的一半，尾毛蓬松。通体呈褐黄或棕黄色，但颜面、额部色调比体色略暗。吻端颜色更深，为巧克力色，上下嘴唇白色。整个下体色调略比背部浅淡，背、腹毛色界线不清晰。尾毛色调与体色相同，仅尾尖呈褐色或褐黑色。冬毛色淡，呈黄棕色或草黄色，毛绒丰厚，具有光泽。肛门腺特别发达，遇异常即放出强烈的异臭味。

生态习性：黄鼬常在疏林或灌丛一带出没，晚间频繁地活动于鼢鼠类和田鼠类的栖息地。常于杂草丛生的乱石缝隙或村民存放的干草堆内筑巢。怀孕后期的雌性个体行动谨慎、缓慢。主要捕食各种鼠类，也盗食鸟蛋、雏鸟和一些两栖、爬行类动物，偶尔也偷食家禽。每年 3—4 月进入繁殖期，雌性个体妊娠期为 33—37 天。通常 5 月产仔，每胎产 2—8 仔。初生的幼仔全身被白色胎毛，双眼紧闭。

地理分布：国内主要分布于吉林、山西、河南、云南、湖南、新疆、北京、河北、内蒙古、辽宁、黑龙江、上海、江苏、浙江、安徽、福建、江西、山东、湖北、广东、广西、四川、贵州、西藏、陕西、甘肃、青海、宁夏、重庆和台湾。

保护级别：中国生物多样性红色名录 – 无危（LC）。

40. སྲེ་མོང་། *Mustela sibirica*
དབྱིན་ཡིག་གི་མིང་། Siberian Weasel

གཟུགས་དབྱིབས་ཁྱད་ཆོས། སྲེ་མོང་གི་གཟུགས་པོའི་རིང་ཚད་ལ་ལི་སྨི32—36ཡོད་ཅིང་། སྲེ་ཆུང་ལས་ཅུང་ཆེ། རྐང་ལག་ཐུང་ཞིང་སྒུག་པ་ཕྱི་མའི་རིང་ཚད་ལ་ཧྲོ་སྨི45—61ཡོད། རྔ་མའི་རིང་ཐུང་ནི་མགོ་གཟུགས་ཀྱི་ཕྱེད་ཀ་ལས་བརྒལ་ལ། རྔ་མའི་སྤུ་ཟིང་ཟིང་ཡིན། ལུས་པོའི་མདོག་ནི་ཁམ་སེར་དང་སྨུག་སེར་ཡིན་མོད། འོན་ཀྱང་གདོང་དང་དཔྲལ་བའི་མདོག་ནི་ལུས་ཀྱི་སྤུ་མདོག་ལས་སྣུག་པོ་ཡིན། མཆུ་ཏོའི་ཁ་དོག་ཤིན་ཏུ་སྣུག་ལ་སྨུག་ནག་ཡིན་ལ་ཡ་མཆུ་དང་མ་མཆུ་ཡི་མདོག་ནི་དཀར་པོ་ཡིན། ལུས་འོག་གི་ཁ་དོག་ནི་རྒྱབ་ཕྱོགས་ལས་ཅུང་སྐྱ་བ་དང་། རྒྱབ་དང་གསུས་པའི་སྤུ་མདོག་གི་དབྱེ་མཚམས་མི་གསལ། རྔ་མའི་སྤུ་མདོག་དང་གཟུགས་ཀྱི་ཁ་དོག་གཅིག་མཚུངས་ཡིན་པ་དང་། མཇུག་མའི་རྩེ་ཡི་མདོག་ནི་ཁམ་པ་དང་ཁམ་ནག་ཡིན། དགུན་གྱི་སྤུ་མདོག་སྣུག་ལ་མདོག་སེར་པོའམ་ཡང་ན་སེར་སྐྱ་ཡིན། ཁྱུ་སྤུ་མཐུག་ལ་འོད་མདངས་ལྡན། བཤང་སྒོའི་གཤེར་རྨེན་ཧ་ཅང་རྒྱས་ཤིང་། རྒྱུན་ལྡན་མིན་པའི་གནས་ཚུལ་དང་འཕྲད་ན་བཤང་སྒོ་ལས་

ཏྲི་ངན་དྲག་པོ་འབྲིན།

སྐྱེ་ཁམས་གོམས་གཤིས། ན་སོང་ནི་ཕག་རྒོད་དང་བྱི་བ་སོགས་ཀྱི་འཚོ་གནས་ཁུལ་དུ་མཚན་མོར་ཡང་ཡང་འགྲུལ་སྐྱོད་བྱེད་བཞིན་ཡོད། དུས་རྒྱུན་དུ་རྩྭ་ལྡུམ་སྐྱེས་པའི་གས་སྦུབས་དང་། ཡང་ན་གྲོང་མིས་ཉར་ཚགས་བྱས་པའི་རྩྭ་སྤྲམ་པོའི་ནང་དུ་ཚང་བཟོ་བཞིན་ཡོད། མངལ་སྦྲུམ་པའི་རྗེས་ཀྱི་མོའི་བྱེ་བྲག་གི་འགྲུལ་སྐྱོད་ནི་སེམས་ཆུང་དང་དལ་མོ་ཡིན། གཙོ་བོར་བྱི་བ་དང་སྒོ་ང་། བྱ་ཕྲུག་བཅས་ཟ་བ་དང་། འཚོ་སྡོད་སྲོག་ཆགས་དང་སྔོ་འགྲོའི་སྲོག་ཆགས་ཟ་བཞིན་ཡོད། སྐབས་འགར་ཁྱིམ་བྱའི་རིགས་ཀྱང་བརྐུས་ནས་ཟ་བཞིན་ཡོད། ལོ་རེའི་ཟླ3—4པའི་བར་དུ་སྐྱེ་འཕེལ་དུས་རིམ་དུ་སླེབས་པ་དང་། མོའི་རིགས་ལ་མངལ་སྦྲུམ་པའི་དུས་ཡུན་ཉིན33—37བར་ཡིན། རྒྱུན་དུ་ཟླ5པར་ཕྲུ་གུ་བཙའ་བཞིན་ཡོད། བཙའ་ཐེངས་རེར་ཕྲུ་གུ2—8བར་བཙའ་བཞིན་ཡོད། བཙས་མ་ཐག་པའི་ཕྲུ་གུའི་ལུས་པོ་ཡོངས་ལ་སྤུ་དཀར་པོ་སྐྱེས་ཡོད་པ་དང་མིག་ཟུང་བཙུམས་ཡོད།

ས་ཁམས་ཁྱབ་ཚུལ། རྒྱལ་ནང་དུ་གཙོ་བོར་ཅི་ལིན་དང་། ཏྲན་ཞི། ཧོ་ནན། ཡུན་ནན། ཏྲའུ་ནན། ཞིན་ཅང་། པེ་ཅིང་། ཧོ་པེ། ནང་སོག ལེའོ་ཉིང་། ཧེ་ལུང་ཅང་། ཏྲང་ཏྲའེ། ཅང་སུའུ། གྲེ་ཅང་། ཨན་ཏྲའེ། ཐྲུའུ་ཅན། ཅང་ཞི། ཏྲན་ཏུང་། ཏྲའུ་པེ། ཀོང་ཏུང་། ཀོང་ཞི། སི་ཁྲོན། ཀུའེ་ཀྲོའུ། བོད་ལྗོངས། ཏྲའན་ཞི། ཀན་སུའུ། མཚོ་སྔོན། ཁྲུང་ཆིང་། ཐའེ་ཝན་བཅས་སུ་ཁྱབ་ཡོད།

སྲུང་སྐྱོབ་རིམ་པ། ཀྲུང་གོའི་སྐྱེ་དངོས་སྣ་མང་རང་བཞིན་གྱི་མིང་ཐོ་དམར་པོ་ལས་འཛིག་ཉེན་མེད་པའི་རིགས་ཡིན། (LC)

41. 艾鼬 *Mustela eversmanii*
英文名：Steppe Polecat

形态特征:身体大小与黄鼬相近,但尾较短。头脸黑白,通体呈现污白、褐黑色或黄褐黑色。吻端、嘴唇为白色或污白色，鼻黑色，眼区褐色至褐黑色。脸颊灰白、褐灰或乳白色。耳部除上耳缘为白色外，其余为褐色至暗褐色。额、后头和颈背为极淡黄褐色。肩部褐色略沾微黄，前背以乳黄为主，稍染微褐色，有些个体从头后至前背均呈浅黄至浅褐黑色。后背至臀部呈暗褐微黄或褐黑微黄色。颏部褐色，喉、胸、鼠蹊及四肢均呈褐黑或黑色。前、后肢间的体侧和腹部呈现比较显著的淡黄或污白黄色。腹部中央有较浓的褐色而显现出模糊的带纹。尾部除尾基背部呈淡黄或微黄色外，其余全为褐黑或黑色。

生态习性：艾鼬栖息于山地阔叶林、草地、灌丛及村庄等多种类型的环境中。一般独居，白天夜间均有活动，主要为夜行性。性情凶猛，行动敏捷。善于游泳和攀爬。视觉和听觉都很发达。自己挖掘洞穴筑巢，或侵占鼠类、旱獭等动物的窝为巢。主要以小型啮齿类为食，有时亦捕食一些在地面营巢的鸟类及其幼体、野兔的幼仔、鱼类、蛙类和甲壳动物等，偶尔取食一些浆果、坚果等。雌性个体妊娠期为35—41天，通常在4—5月产仔，每胎产3—5仔，哺乳期为40—45天。初生的幼仔身体被有稀薄的绒毛，双眼紧闭。

地理分布：国内主要分布于黑龙江、吉林、辽宁、内蒙古、西藏、新疆、青海、宁夏、甘肃、四川、陕西、山西、河北、北京和江苏。

保护级别：中国生物多样性红色名录 - 易危（VU）。

41. ཏི་ལོ། *Mustela eversmanii*
དབྱིན་ཡིག་གི་མིང་། Steppe Polecat

གཟུགས་དབྱིབས་ཁྱད་ཆོས། ཏི་ལོའི་གཟུགས་པོའི་ཆེ་ཆུང་ནི་སྲེ་མོང་དང་འདྲ་མོད། འོན་ཀྱང་ཇ་མ་ཐུང་། མགོ་དང་གདོང་མདོག་དཀར་པོ་ཡིན་ལ། ལུས་ཧྲིལ་བོ་དཀར་སྐྱ་དང་ཁམ་ནག་དང་ཁམ་ནག་སེར་ཡིན། མཆུ་གདོང་དང་མཆུ་ཏོ་དཀར་པོའམ་ཡང་ན་དཀར་སྐྱ་ཡིན། སྣ་ནག་པོ་ཡིན་པ་དང་། མིག་མཐའ་ཡི་མདོག་ནི་ཁམ་པ་དང་ཁམ་ནག་ཡིན། ངོ་གདོང་སྐྱ་བོ་དང་སྐྱ་སྐྱ། དཀར་སྐྱ་བཅས་ཡིན། རྣ་ཡི་རྣ་རྩའི་མདོག་དཀར་བ་ཕུད། གཞན་ཚང་མ་ཁམ་པ་དང་ཁམ་ནག་ཡིན། ཐོད་པ་དང་རྒྱབ་ཕྱོགས། སྐེ་རྒྱབ་ཀྱི་མདོག་ནི་ཁམ་སེར་ཡིན། ཕྲག་པའི་མདོག་སྨུག་པོ་ཡིན་ལ། མདུན་རྒྱབ་ཀྱི་ཁ་དོག་སེར་པོ་ཡིན། བྱེ་བྲག་ཏུ་ལ་ལའི་མགོ་ནས་རྒྱབ་སྟོད་ཚང་མ་སེར་སྐྱ་དང་ཁམ་ནག་རེད། རྒྱབ་ནས་འཕོངས་ཀྱི་མདོག་སྨུག་པོའམ་ནག་སྐྱ་ཡིན། མ་ནེ་དང་མིད་པ། བྲང་། འདོམས། སུག་བཞི་ཚང་མ་ཁམ་ནག་གམ་ནག་པོ་ཡིན། མདུན་སུག་དང་རྒྱབ་སུག་བར་

གྱི་ལུས་པོའི་གཞོགས་དང་གསུམ་པའི་མདོག་ནི་སེར་སྐྱ་དང་སེར་པོ་ཡིན། གསུམ་པའི་དཀྱིལ་དུ་ཚུང་སྡུག་པའི་སྨུག་རིས་ཡོད། མཇུག་མའི་རྩད་པ་སེར་སྐྱའམ་ཚུང་སེར་པོ་ཡིན་པ་ཕུད། གཞན་ཚང་མ་ཁམ་ནག་གམ་ནག་པོ་ཡིན།

སྐྱེ་ཁམས་གོམས་གཤིས། ཧི་ལོ་ནི་རི་ཁུལ་གྱི་ལོ་མ་ཆེ་བའི་ནགས་ཚལ་དང་རྩ་ཐང་། སྡོང་ཐུང་ནགས་ཚལ། གྲོང་སྡེ་སོགས་ཁོར་ཡུག་སྣ་མང་ནང་འཚོ་སྡོད་བྱེད་ཀྱིན་ཡོད། ཕྱིར་བཏང་དུ་ཁེར་རྐྱང་དུ་སྡོད་པ་དང་ཉིན་མཚན་གཉིས་ལ་འགུལ་སྐྱོད་བྱེད་ནུང་གཙོ་བོར་མཚན་མོ་འགུལ་སྐྱོད་བྱེད་པ་མང་། གཤིས་རྒྱུད་རྩུབ་ཅིང་བདེ་ཞྭག་འཁྱུག་པོ་ཡིན། ཆུ་ལ་རྐྱལ་ཤེས་ཤིང་འཛེག་པར་མཁས། མིག་ཤེས་དང་རྣ་ཤེས་ཚང་མ་ཤིན་ཏུ་རྣོ་བས། རང་ཉིད་ཀྱིས་ས་དོང་བརྐོས་ནས་ཚང་བཟོ་བའམ་ཡང་ན་བྱི་བ་དང་འཕྱི་བ་སོགས་ཀྱི་སྲོག་ཆགས་ཀྱི་ཚང་བདག་གིས་འཛིན་པ་བྱེད། དེའི་གཟན་ནི་གཙོ་བོ་སོ་མི་བརྗེ་བའི་རིགས་ཀྱི་ཟས་རིགས་ཡིན་པ་དང་། སྐབས་འགར་ས་ངོས་སུ་ཚང་བཟོས་པའི་འདབ་ཆགས་རིགས་དང་དེའི་སྒོ་ང་། རི་དྭགས་ཀྱི་སྒོ་ང་དང་ཉ་རིགས། སྦལ་རིགས། སྐོགས་ཤུན་ཅན་གྱི་སྲོག་ཆགས་སོགས་ཟ་བ་དང་། སྐབས་འགར་ཁྱུ་ལྡན་ཤིང་འབྲས་དང་ཤིང་འབྲས་སོགས་ཟ་བ་རེད། མོའི་རིགས་ལ་མངལ་སྦྲུམ་པའི་དུས་ཡུན་ནི་ཉིན35—41ཡིན་ལ། ཕྱིར་བཏང་དུ་ཟླ4—5བར་དུ་ཕྲུ་གུ་བཙའ་བཞིན་ཡོད། ཐེངས་རེར་ཕྲུ་གུ3—5བར་བཙའ་བ་ཡིན། ནུ་འོ་ལྡུད་དུས་ནི་ཉིན40—45བར་ཡིན། བཙས་མ་ཐག་པའི་ཕྲུ་གུ་ཡི་ལུས་པོ་ལ་སྤུ་སྲབ་མོས་ཁེངས་ཤིང་མིག་ཟུང་དམ་པོ་བཙུམས་ཡོད།

ས་ཁམས་ཁྱབ་ཚུལ། རྒྱལ་ནང་དུ་གཙོ་བོར་ཧེ་ལུང་ཅང་དང་ཅི་ལིན། ལའོ་ཉིང་། ནང་སོག བོད་ལྗོངས། ཞིན་ཅང་། མཚོ་སྔོན། ཉིང་ཞ། ཀན་སུའུ། སི་ཁྲོན། ཧྲའན་ཞི། ཧྲན་ཞི། ཧོ་པེ། པེ་ཅིང་། ཅང་སུའུ་བཅས་སུ་ཁྱབ་ཡོད།

སྲུང་སྐྱོབ་རིམ་པ། ཀྲུང་གོའི་སྐྱེ་དངོས་སྣ་མང་རང་བཞིན་གྱི་མིང་ཐོག་དམར་པོ་ལས་འཛིག་ཉེན་ཆེ་བའི་རིགས་ཡིན། (VU)

42. 石貂 *Martes foina*
英文名：Stone Marten

形态特征：身体小于青鼬，但明显大于黄鼬，成体长约 45 厘米。躯体细长。雄性稍大于雌性。头部呈现三角形，吻鼻部尖，鼻垫有较深的纵沟，耳壳短而宽圆。四肢短粗，后肢较前肢长，前后肢均为五趾，脚掌被毛，爪尖锐而弯曲，具有部分收缩的能力。躯体毛被细软、丰厚，具光泽。通体呈淡褐色。喉和胸部具有明显的白色或淡黄色斑块。背部和体侧为深褐色。尾长超过头体长之半，呈圆筒状，尾毛蓬松，末端尖长。

生态习性：栖息于多种环境，从海拔 2000 多米的农业区到海拔 4000 米以上的高寒地区，抗寒力强。多在沟谷、乱石山坡筑窝，一般于夜间活动，育幼期间常在白天出没。主要以啮齿类为食，有时捕食一些两栖类、爬行类，或爬树盗食鸟卵、雏鸟。冬季有时会潜至村舍附近偷食家禽。每年7—8月进入繁殖期，母貂经过8个月妊娠期，到翌年3—4月分娩，每胎产仔1—8仔，多为3—5仔。

地理分布：国内主要分布于山西、青海、新疆、陕西、甘肃、河北、内蒙古、四川、云南、西藏和宁夏。

保护级别：国家Ⅱ级重点保护野生动物；中国生物多样性红色名录-濒危（EN）。

42. ཨོག་དཀར་ནག་པོ། *Martes foina*
དབྱིན་ཡིག་གི་མིང་། Stone Marten

གཟུགས་དབྱིབས་ཁྱད་ཆོས། ལུས་པོ་ནི་སྲེ་མོང་ལས་ཆུང་བ་ཡིན་མོད། འོན་ཀྱང་སྲེ་ཆུང་ལས་མངོན་གསལ་དོད་པོས་ཆེ་ཞིང་། གཟུགས་པོའི་རིང་ཚད་ལ་ལི་སྨི45ཡོད། གཟུགས་པོ་ཕྲ་ཞིང་རིང་ལ། ཕོ་ནི་མོའི་རིགས་ལས་ཅུང་ཆེ། མགོ་ནི་ཟུར་གསུམ་དང་། མཆུ་ཏོ་དང་སྣ་རྩེ་རྩེ་ཡིན་ལ། སྣ་གདན་ལ་ཅུང་ཟབ་པའི་གཞུང་རིས་ཡོད། རྣ་ཤུབས་ཐུང་ཞིང་ཞིང་ཆེ། སུག་བཞི་ཐུང་ཞིང་སྟོམ་པ་དང་། རྐང་སུག་གཉིས་ལག་སུག་ལས་རིང་། རྐང་སུག་དང་ལག་སུག་གཉིས་ལ་མཛུབ་རྐང་ལྔ་རེ་ཡོད་ལ་སུག་སྡེར་སྲུ་སྐྱེས་ཡོད། སྡེར་མོ་རྣོ་ཞིང་གྱག་པས་ཆ་ཤས་ལ་འཇེད་བཙུམ་གྱི་ནུས་པ་ལྡན། ལུས་ཀྱི་སྤུ་ནི་སྙི་མོ་དང་མཐུག་པོ་ཡིན་ལ་འོད་མདངས་ལྡན། སྤྱིར་ལུས་ཡོངས་ཀྱི་མདོག་ནི་ཁམ་སྐྱ་ཡིན་ལ། མིད་པ་དང་བྲང་ཁ་ཡི་མདོག་དཀར་པོ་དང་སེར་པོའི་ཁྲ་ཐིག་ཡོད། རྒྱབ་དང་གཟུགས་ཀྱི་གཞོགས་ནི་སྨུག་སྐྱའི་མདོག་ཡིན། རྔ་མའི་རིང་ཐུང་ནི་མགོ་གཟུགས་ཀྱི་ཕྱེད་

ཀ་ལས་བརྒལ་ལ་སྐོར་དབྱིབས་སུ་མངོན་པ་དང་། ཛ་མའི་སྒུ་ཟིང་ཞིང་ཛ་རྩེ་རིང་མོ་ཡིན།

སྐྱེ་ཁམས་གོམས་གཤིས། ཨོག་དཀར་ནག་པོ་ནི་ཁོར་ཡུག་སྣ་ཚོགས་སུ་འཚོ་སྡོད་བྱེད་པ་སྟེ། མཚོ་ངོས་ལས་སྨི2000ལྷག་ཡོད་པའི་ཞིང་ལས་ཁུལ་ནས་མཚོ་ངོས་ལས་མཐོ་ཚད་སྨི4000ཡན་གྱི་མཐོ་སྒང་ས་ཁུལ་དུ་འཚོ་སྡོད་བྱེད་པ་དང་། གྲང་ངར་འགོག་ནུས་ཆེ་བ་རེད། མང་ཆེ་བ་གྲོག་རོང་དང་། རི་ལྡེབས་སུ་ཚང་བཟོ་བ་དང་། སྤྱིར་བཏང་དུ་མཚན་མོར་འགུལ་སྐྱོད་བྱེད་པ་དང་། ཕྲུ་གུ་གསོ་བའི་དུས་སུའང་ཉིན་དཀར་འགྲོ་འོང་བྱེད་ཀྱིན་ཡོད། གཟན་ལ་གཙོ་བོར་སོ་མི་བཟྐེ་བའི་ཟས་རིགས་ཟ་ཞིང་། སྐབས་འགར་སྐམ་རྒྱུ་གཉིས་འཚོའི་རིགས་དང་སོག་འགྲོའི་རིགས་ཟ་བ་དང་། ཡང་ན་སྔོང་མགོར་འཛོགས་ནས་འདབ་ཆགས་ཀྱི་སྒོ་ང་དང་བྱ་ཕྲུག་ཟ་བ་རེད། དགུན་དུས་སུ་གྲོང་སྡེའི་ཉེ་འགྲམ་དུ་འཚུལ་ནས་ཁྱིམ་བྱ་བཟུང་ནས་ཟ་བཞིན་ཡོད། ལོ་རེའི་ཟླ7—8པའི་བར་དུ་སྐྱེ་འཕེལ་དུས་རིམ་དུ་སླེབས་ཡོད་དེ། ཨོག་དཀར་ནག་པོ་མོའི་རིགས་ཟླ8ལ་མངལ་ཆགས་པའི་རྗེས་སུ། ཕྱི་ལོའི་ཟླ3—4པའི་བར་དུ་ཕྲུ་གུ་བཙའ་བ་དང་། ཐེངས་རེར་ཕྲུ་གུ1—8བར་བཙའ་བ་དང་། མང་ཆེ་བར་ཕྲུ་གུ3—5བར་བཙའ་བཞིན་ཡོད།

ས་ཁམས་ཁྱབ་ཚུལ། རྒྱལ་ནང་དུ་གཙོ་བོར་ཧྲན་ཞི་དང་མཚོ་སྔོན། ཞིན་ཅང་། ཧྲའན་ཞི། ཀན་སུའུ། ཧོ་པེ། ནང་སོག སི་ཁྲོན། ཡུན་ནན། བོད་ལྗོངས། ཉིང་ཞ་བཅས་སུ་ཁྱབ་ཡོད།

སྲུང་སྐྱོབ་རིམ་པ། རྒྱལ་ཁབ་ཀྱི་རིམ་པ II སྲུང་སྐྱོབ་བྱེད་པའི་སྲོག་ཆགས། ཀྲུང་གོའི་སྐྱེ་དངོས་སྣ་མང་རང་བཞིན་གྱི་མིང་ཐོ་དམར་པོ་ལས་འཇིག་ཉེན་ཆེ་བའི་རིགས་ཡིན། (EN)

43. 亚洲狗獾 *Meles leucurus*

英文名：Asian Badger

形态特征：身体粗壮，头形尖长，鼻垫与上唇间被毛，四肢和尾短。头脸有黑、白相间的宽阔纵纹。奔跑时头朝下。耳壳明显，端部尖。尾长约为头体长的 1/3。四肢短，前、后足底裸露，前趾爪长而锐利，后趾爪明显短，爪呈暗玉石色，基部色稍深。上体自头开始直至臀部呈均匀的褐（或为黑）白相间的色泽，背毛基部为白色，中间一段为褐黑色，毛尖为白色。脸面部具有三道白色或污白色纵纹，被两道褐色纵纹所间隔，而脸颊一侧的白纹往后一直延伸至肩侧、体侧。耳缘除中间一小段为黑色外，全为纯白色。耳内为黑色，吻周为污白。颌、颈上、胸、腹部和四肢纯黑色或黑褐色。尾基背部与上体同色，尾端及尾下呈污白色。

生态习性：亚洲狗獾广泛栖息于河谷、灌丛、草原及森林等生境。性凶猛，挖洞穴居，有冬眠习性。在无外界干扰的条件下，亚洲狗獾的栖居地较为固定。夜行，黄昏开始活动，直至翌日太阳升起前。活动范围较大，往返路线较为固定。杂食性，主要取食青蛙、蚯蚓、鱼类、沙蜥、昆虫、小型哺乳类等，有时候也取食植物的根、茎、果实。每年繁殖一次，4—5月间产仔，每胎2—5仔，幼兽除头部为白色外，周身均被灰白色绒毛，而背部及四肢稍黑。

地理分布:国内主要分布于黑龙江、吉林、辽宁、内蒙古、新疆、安徽、北京、福建、甘肃、广东、广西、贵州、河北、河南、湖北、湖南、江苏、江西、青海、陕西、山东、山西、四川、云南、浙江、重庆、宁夏和西藏。

保护级别：中国生物多样性红色名录－近危（NT）。

43. ཡ་གླིང་གི་ཁྲི་གྲུམ། *Meles leucurus*
དབྱིན་ཡིག་གི་མིང་། Asian Badger

གཟུགས་དབྱིབས་ཁྱད་ཆོས། ཡ་གླིང་གི་ཁྲི་གྲུམ་ནི་ལུས་པོ་སྦོམ་ཞིང་རྒྱགས་པ་དང་། མགོ་ནི་རྩེ་རྩེ་ཡིན་ཞིང་རིང་བ་དང་། སྣ་གདན་དང་ཡ་མཆུ་བར་སྤུ་སྐྱེས་ཡོད། སུག་བཞི་དང་རྔ་མ་ཐུང་། མགོ་བོ་དང་གདོང་ན་ནག་པོ་དང་དཀར་པོ་གཉིས་ཀྱི་བར་དུ་ཞེང་ཆེ་བའི་གཞུང་རིས་ཡོད། རྒྱུག་སྐབས་མགོ་བོ་ཐུར་དུ་སྒུར། རྣ་ཤྲུན་མངོན་གསལ་ཡིན་ལ་རྣ་རྩེ་རྣོ། རྔ་མའི་རིང་ཚད་ནི་མགོ་ལུས་ཀྱི་རིང་ཚད་ཀྱི1/3ཡིན། སུག་བཞི་ཐུང་ཞིང་། རྐང་སུག་དང་ལག་སུག་གི་ཞབས་སྤུ་མེད་གཅེར་བུ་ཡིན། མདུན་གྱི་སྡེར་མོར་རིང་ཞིང་རྣོ་ལ། རྒྱབ་ཀྱི་སྡེར་མོ་མངོན་གསལ་གྱིས་ཐུང་། སྡེར་མོ་ནི་གཡང་ཏིའི་མདོག་ཡིན་ལ་སྡེར་རྩའི་ཁ་དོག་ཅུང་སྨུག་པོ་ཡིན། ལུས་སྟོད་ཀྱི་མགོ་ནས་འཕོངས་ཀྱི་བར་དུ་མདོག་དཀར་པོའམ་ནག་པོ་འདྲེས་མ་ཡིན་ལ། རྒྱབ་སྤུ་ཡི་སྤུ་རྩ་དཀར་པོ་ཡིན། བར་གྱི་མདོག་ཁམ་ནག་ཡིན་ལ་སྤུ་རྩེ་དཀར་པོ་ཡིན། གདོང་ན་མདོག་དཀར་པོ་དང་

དཀར་སྐྱ་ཡི་གཞུང་རིས་གསུམ་ཡོད་ལ། མདོག་སྨུག་པོའི་གཞུང་རིས་ཀྱིས་བར་ཆོད་བྱས་ཡོད། འགྲམ་པའི་ཕྱོགས་གཅིག་གི་ཁྲ་རིས་དཀར་པོ་ནི་ཕྲག་པ་དང་རྒྱབ་ཀྱི་བར་དུ་བསྲིངས་ཡོད། རྣ་ཡི་བར་མཚམས་ནག་པོ་ཡིན་པ་ལས་གཞན་ཚང་མ་དཀར་པོ་ཡིན། རྣ་ཁུང་ནང་ནག་པོ་ཡིན་ལ་མཇུ་ཧྲོ་དཀར་པོ་ཡིན། མ་མགལ་དང་སྣེ། ཐང་། གྲོད་པ། སུག་བཞི་བཅས་ནག་པོ་དང་ཡང་ན་ནག་སྐྱ་ཡིན། ཛ་རྩའི་རྒྱབ་ཀྱི་མདོག་ནི་ལུས་ཀྱི་མདོག་དང་མཚུངས་ཤིང་། ཛ་སྣེ་དང་ཛ་འོག་གི་མདོག་དཀར་པོ་ཡིན།

སྐྱེ་ཁམས་གོམས་གཤིས། ཨེ་ཤེ་ཡའི་ཁྲི་གྲུམ་ནི་གྲོག་རོང་དང་སྤོང་ཐང་ནགས་ཚལ། རྫ་ཐང་། ནགས་ཚལ་སོགས་སུ་རྒྱ་ཁྱབ་དང་འཚོ་སྡོད་བྱེད་ཀྱིན་ཡོད། རང་བཞིན་རྒྱུན་ཅིང་དོང་བརྐོས་ནས་དོང་ཕུག་ཏུ་སྡོད་པ་དང་། དགུན་ཉལ་གྱི་གོམས་གཤིས་ཡོད། ཕྱི་རོལ་གྱི་འགལ་རྐྱེན་མེད་པའི་ཆ་རྐྱེན་འོག་ཨེ་ཤེ་ཡའི་ཁྲི་གྲུམ་སྡོད་སའི་ས་ཆ་རྒྱུན་གཏན་འཇགས་ཡིན། མཚན་མོ་དང་ས་སྲོད་ཀྱི་དུས་སུ་འགྱུལ་སྐྱོད་བྱེད་མགོ་བརྩམས་ཏེ། ཕྱི་ཉིན་ཉི་མ་ཤར་བའི་དུས་སུ་སླེབས་དུས། འགྱུལ་སྐྱོད་ཀྱི་ཁྱབ་ཁོངས་ཆུང་ཆེ་བ་དང་། ཕར་འགྲོ་ཚུར་འོང་གི་ལམ་ཐིག་རྒྱུན་གཏན་འཇགས་ཡིན། གཟན་ནི་ཟས་འདྲེས་རང་བཞིན་ཅན་ཡིན་པས་གཙོ་བོར་སྦལ་པ་དང་ས་འབུ་ཁང་མེད། ཉ་རིགས། བྱི་རྩངས། སྲིན་འབུ། འོ་གསོས་རིགས་སོགས་ཟ་བ་དང་། སྐབས་འགར་རྩི་ཤིང་གི་རྩ་བ་དང་སྡོང་པོ། འབྲས་བུ་སོགས་ཀྱང་ཟ་བ་རེད། ལོ་རེར་སྐྱེ་འཕེལ་ཐེངས་རེ་བྱེད་པ་དང་། ཟླ4—5པའི་བར་དུ་ཕྲུ་གུ་བཙས་ཤིང་། ཐེངས་རེར་ཕྲུ་གུ2—5པའི་བར་བཙའ་བཞིན་ཡོད།

ས་ཁམས་ཁྱབ་ཚུལ། རྒྱལ་ནང་དུ་གཙོ་བོར་ཧེ་ལུང་ཅང་དང་ཅི་ལིན། ལེའོ་ཉིང་། ནང་སོག ཞིན་ཅང་། ཨན་ཧུའེ། པེ་ཅིང་། ཧྥུའུ་ཅན། ཀན་སུའུ། ཀོང་ཏུང་། ཀོང་ཞི། ཀུའེ་གྲོའུ། ཧོ་པེ། ཧོ་ནན། ཧུའུ་པེ། ཧུའུ་ནན། ཅང་སུའུ། ཅང་ཞི། མཚོ་སྔོན། ཧྲའན་ཞི། ཧྲན་ཞི། སི་ཁྲོན། ཡུན་ནན། ཀྲེ་ཅང་། ཁྲུང་ཆིང་། ཉིང་ཞ། བོད་ལྗོངས་བཅས་སུ་ཁྱབ་ཡོད།

སྲུང་སྐྱོབ་རིམ་པ། ཀྲུང་གོའི་སྐྱེ་དངོས་སྣ་མང་རང་བཞིན་གྱི་མིང་ཐོ་དམར་པོ་ལས་འཇིག་ཉེན་ཆེ་བའི་རིགས་ཡིན། (NT)

44. 猪獾 *Arctonyx collaris*
英文名：Hog Badger

形态特征：外形似狗獾而稍大，鼻垫与上唇之间裸露无毛。前后肢趾爪均长。前头三道白纹被两道褐色纹所间隔，但白纹甚短，均终止于双耳连接线的前缘。鼻及上下嘴唇呈污白色。被毛长而疏松，大部分被毛下段呈淡黄色，上段为黑色、褐色或微褐色，少数被毛为纯淡黄色。颈、喉、颌下为白色。胸、腹部外侧为白色，中间以及四肢内、外侧为褐色。尾基背部色调与体背相同，远端为白色沾微黄，尾下基部呈现较显著的黄色，其余为污白掺杂少许褐色。爪为蜡黄色。

生态习性：猪獾喜欢穴居，在荒丘、路旁、田埂等处挖掘洞穴，也侵占其他兽类的洞穴。洞口一般有 1—2 个，多设在阳坡山势陡峭或茅草繁密之处。洞穴的结构比较简单，常为1米深的直洞，也有长达8—9米的直洞，洞内清洁干燥，卧处常铺以干草。夜行性，性情凶猛。能在水中游泳，视觉差，但嗅觉灵敏，找寻食物时常抬头以鼻嗅闻，或以鼻翻掘泥土。有冬眠习性，通常在10月下旬开始冬眠，冬眠之前大量进食，使体内脂肪增加，次年3月开始出洞活动。杂食性，主要以蚯蚓、青蛙、蜥蜴、甲壳动物、昆虫、蜈蚣、小鸟和鼠类等动物为食，也吃玉米、小麦等农作物。繁殖期在4—9月，妊娠期长达10个月，翌年4—5月产仔，每胎大多产2—4仔。

地理分布:国内主要分布于山西、河南、湖南、河北、辽宁、山东、江苏、浙江、安徽、福建、江西、湖北、广东、广西、四川、贵州、云南、西藏、陕西、甘肃、青海、宁夏、内蒙古、北京和重庆。

保护级别：中国生物多样性红色名录－近危（NT）。

44. ཕག་གྲུམ། *Arctonyx collaris*
དབྱིན་ཡིག་གི་མིང་། Hog Badger

གཟུགས་དབྱིབས་ཁྱད་ཆོས། ཕག་གྲུམ་གྱི་ཕྱིའི་དབྱིབས་ནི་ཁྱི་གྲུམ་དང་འདྲ་ལ། ཁྱི་གྲུམ་ལས་ཅུང་ཆེ་བ་དང་། སྣ་གདན་དང་ཡ་མཆུ་གཉིས་ཀྱི་བར་དུ་སྤུ་མེད། ལག་སུག་དང་རྐང་སུག་གི་སྡེར་མོ་རིང་། མདུན་གྱི་གསུམ་རིས་དཀར་པོ་དེ་སྨུག་རིས་གཉིས་ཀྱིས་བར་ཆོད་བྱས་ཡོད་མོད། འོན་ཀྱང་སྐྱ་རིས་ཧ་ཅང་ཐུང་བས། ཚང་མ་རྣ་ཟུར་འབྲེལ་མཐུད་ཀྱི་མདུན་མཐའ་རུ་མཇུག་སྒྲིལ། སྣ་དང་ཡ་མཆུ་མ་མཆུ་ཡི་མདོག་དཀར་པོ་ཡིན། སྤུ་རིང་ཞིང་ཟིང་བ་དང་མང་ཆེ་བའི་སྤུ་འོག་གི་དུམ་བུ་ནི་མདོག་སེར་པོར་གྱུར་ཡོད། སྟོད་ཀྱི་དུམ་བུ་ནི་ཁ་དོག་ནག་པོ་དང་། ཁམ་མདོག་སྨུག་པོ་བཅས་ཡིན་ལ། ཤུང་ཤས་ཤིག་ནི་སྤུ་ལྡད་མེད་སེར་པོ་ཡིན། སྐེ་དང་གྲེ་བ། མ་མགལ་འོག་དཀར་པོ། ཐང་དང་གསུམ་པའི་ཕྱི་ངོས་དཀར་པོ་ཡིན་པ་དང་། དཀྱིལ་དང་ཡན་ལག་བཞིའི་ནང་དང་ཕྱི་གཞོགས་ཁམ་མདོག་ཡིན། རྔ་རྩའི་རྒྱབ་ཀྱི་ཁ་དོག་ནི་ལུས་པོའི་རྒྱབ་ངོས་དང་གཅིག་

མཚུངས་ཡིན་པ་དང་། སྣེ་མཐའ་ཡི་ཁ་དོག་ནི་དཀར་པོའི་ནང་དུ་སེར་སྐྱ་འདྲེས་ཡོད་ལ། མཇུག་མའི་འོག་གི་མདོག་ནི་ཙུང་མདོན་གསལ་གྱི་སེར་པོ་ཡིན། གཞན་པ་ཚང་མ་མདོག་དཀར་སྐྱའི་ནང་དུ་ཁམ་སེར་ཞུང་ཙམ་བསྲེས་ཡོད། སྡེར་མོ་ནི་སེར་པོ་ཡིན།

སྐྱེ་ཁམས་གོམས་གཤིས། ཕག་གྲུམ་ནི་དོང་ཕུག་ཏུ་སྡོད་པར་དགའ་ཞིང་། ས་རྐོད་རི་མ་ཐང་དང་ལམ་འགྲམ། ཞིང་ཚིགས་སོགས་སུ་དོང་བརྐོ་བར་དགའ། གཅན་གཟན་གཞན་པའི་དོང་ཕུག་ཀྱང་བཙན་དུ་བཟུང་། དུང་ཕུག་ལ་སྒོ1—2ཡོད་ལ། མང་ཆེ་བ་ནི་ཉིན་ཁའི་རི་ཐེབས་ཀྱི་གཡང་གཟར་ལམ་ཡང་ན་རྩེ་ཤིང་སྟུག་སར་བརྐོས་ཡོད། དོང་ཕུག་གི་གྲུབ་ཚུལ་ཙུང་སྣ་སྡེ། སྤྱིར་བཏང་དུ་སྨི1ཁྱུང་བུ་དྲང་མོ་ཡིན་ལ། སྨི8—9བར་གྱི་ཁུང་བུའང་ཡོད། དོང་ནང་དུ་གཙང་ཞིང་སྐམ་པོ་ཡིན་པས། ཉལ་སར་རྒྱུན་པར་རྩྭ་སྐམ་འདིང་བཞིན་ཡོད། ཕག་གྲུམ་ནི་མཚན་སྤྱོད་རང་བཞིན་གྱི་སྲོག་ཆགས་ཡིན་ལ། གཤིས་ཀ་རྩུབ་པོ་ཡིན། ཆུ་ནང་དུ་ཆུ་ལ་རྐྱལ་ཐུབ་ཅིང་མིག་ཚོར་ཞན་མོད། འོན་ཀྱང་སྣ་ཤེས་རྣོ། ཟས་རིགས་འཚོལ་སྐབས་མགོ་པོ་བཏེགས་ནས་སྣ་ཡིས་སྣོམ་པའམ་ཡང་ན་སྣ་ཡིས་འདམ་བརྐོ་བཞིན་ཡོད། དགུན་ཉལ་གྱི་གོམས་གཤིས་ཡོད། སྤྱིར་བཏང་དུ་ཟླ10པའི་ཟླ་སྨད་ནས་དགུན་ཉལ་བྱེད་པ་དང་། དགུན་ཉལ་གྱི་སྔོན་ལ་ཟ་མ་མང་པོ་ཟོས་ན་ལུས་པོའི་ནང་གི་ཚིལ་ཐེ་མང་ཕྱིན་ཡོད་པས། ལོ་རྗེས་མའི་ཟླ3པར་དོང་ནས་ཕྱིར་ལ་འབུད་མགོ་བཙམས། གཟན་ནི་གཙོ་བོར་ས་འབུ་རྐང་མེད་དང་སྦལ་པ། ད་དབྱི། སྐོགས་ཤུན་ཅན་གྱི་སྲོག་ཆགས། འབུ་སྲིན། བྱིའུ་ཚུང་། བྱི་བ་སོགས་ཀྱང་ཟ་བ་དང་། མ་རྨོས་ལོ་ཏོག་དང་གྲོ་སོགས་ལོ་ཏོག་ཀྱང་ཟ་བཞིན་ཡོད། སྐྱེ་འཕེལ་གྱི་དུས་ཚོད་ནི་ཟླ4—9པའི་བར་ཡིན་པ་དང་། མངལ་སྦྲུམ་པའི་དུས་ཚོད་ནི་ཟླ10ཡིན། ཕྱི་ལོའི་ཟླ4—5པའི་བར་ཕྲུ་གུ་བཙའ་བཞིན་ཡོད། ཐེངས་རེར་མང་ཆེ་བས་ཕྲུ་གུ2—4བཙའ་བཞིན་ཡོད།

ས་ཁམས་ཁྱབ་ཚུལ། རྒྱལ་ནང་དུ་གཙོ་བོར་ཧྲན་ཞི་དང་ཧོ་ནན། ཧུའུ་ནན། ཧོ་པེ། ལེའོ་ཉིང་། ཧྲན་ཏུང་། ཅང་སུའུ། ཀྲེ་ཅང་། ཨན་ཧུའེ། ཇུའུ་ཅན། ཅང་ཞི། ཧུའུ་པེ། ཀོང་ཏུང་། ཀོང་ཞི། སི་ཁྲོན། ཀུའེ་ཀྲོའུ། ཡུན་ནན། བོད་ལྗོངས། ཧྲའན་ཞི། ཀན་སུའུ། མཚོ་སྔོན། ཉིང་ཞ། ནང་སོག པེ་ཅིང་། ཁྲུང་ཆིང་བཅས་སུ་གནས་ཡོད།

སྲུང་སྐྱོབ་རིམ་པ། ཀྲུང་གོའི་སྐྱེ་དངོས་སྣ་མང་རང་བཞིན་གྱི་མིང་ཐོ་དམར་པོ་ལས་འཇིག་ཉེན་ཆེ་བའི་རིགས་ཡིན། (NT)

兔形目 LAGOMORPHA
鼠兔科 Ochotonidae

45. 高原鼠兔 *Ochotona curzoniae*
英文名：Plateau Pika

形态特征：体型中等的鼠兔，体长约 17 厘米。耳小而短圆，耳壳具有明显的白色边缘。后肢略长于前肢，前后足趾垫常隐于毛内，爪较发达。无尾。雌性个体乳头三对。夏毛色深，毛短而贴身，冬毛色淡，毛长而蓬松。夏毛上体呈暗沙黄褐色或棕黄色，下体毛色呈浅黄白色或近白色，毛基为暗灰色，毛端为黄白色或污白色；冬毛上体呈沙黄或黄白色，体侧毛色较背部更浅，下体接近白色。上下唇、鼻部及耳壳背面均为浅黑褐色。耳壳后面与颈背间有淡黄色或浅黄白色披肩。体侧色淡，近似沙黄棕色。掌面具浅黄褐或污白色短毛。

生态习性：高原鼠兔栖息于海拔 3200—5200 米的高山草原草甸、高寒草甸及高寒荒漠草原地带的山间盆地、河谷阶地、山麓缓坡等生境中。营群居生活，以昼间活动为主，冬季不冬眠。洞穴构造大致分为两类：简单洞系，夏季（七八月份）较多，洞道浅而短；复杂洞系，洞长达 20 米左右，洞道分支很多，互相沟通形成网状，内有巢室、盲洞及粪便贮存室等结构。以禾本科和豆科植物为主食。繁殖期因分布地区、海拔高度的差异而有所不同。一般每年繁殖 1—2 次，于 4—7 月进行，每胎产仔 1—8 只。

地理分布：国内主要分布于青海、新疆、四川、甘肃和西藏。

保护级别：中国生物多样性红色名录 - 无危（LC）。

རི་བོང་གི་སྡེ་ཁག LAGOMORPHA
བྱི་བ་དང་རི་བོང་གི་ཚན་པ། Ochotonidae

45. ས་མཇོའི་རི་བོང་། *Ochotona curzoniae*
དབྱིན་ཡིག་གི་མིང་། Plateau Pika

གཟུགས་དབྱིབས་ཁྱད་ཆོས། ས་མཇོའི་རི་བོང་ནི་གཟུགས་དབྱིབས་འབྲིང་གྲས་ཀྱི་རི་བོང་གི་རིགས་ཡིན་པ་དང་། གཟུགས་ཀྱི་རིང་ཚད་ལ་ལི་སྨི17ཙམ་ཡོད། རྣ་ཆུང་ལ་ཟླུང་བ་དང་སྒོར་མོ་ཡིན། རྣ་ཤུན་ལ་མཚོན་གསལ་གྱི་མདོག་དཀར་པོའི་མཐའ་ཡོད། རྐང་སུག་གཉིས་ནི་མདུན་སུག་གཉིས་ལས་ཐུང་རིང་བ་དང་། རྐང་སུག་གི་རྐང་གདན་སྤུ་ནང་དུ་བཏུམས་ཡོད་ལ་སྡེར་མོ་ཐུང་རྒྱུས་ཡོད། རྔ་མ་མེད་ལ། མོའི་རིགས་ལ་ནུ་མགོ་ཆ་གསུམ་ཡོད། དབྱར་དུས་ལུས་ཀྱི་སྤུ་སྟུག་པ་དང་། སྤུ་ཟླུང་ཞིང་ལུས་ལ་འབྱར་ཡོད། དགུན་དུས་ལུས་ཀྱི་སྤུ་མདོག་སྐབ་པ་དང་སྤུ་རིང་ཞིང་ཟེང་ཡོད། དབྱར་དུས་ལུས་ཀྱི་སྟེང་གི་སྤུ་མདོག་ནི་ཁམ་སེར་དང་སྨུག་སྐྱ་ཡིན་པ་དང་། འོག་གི་སྤུ་མདོག་ནི་སེར་དཀར་རམ་ཡང་ན་དཀར་པོ་ཡིན། སྤུ་རྩ་ནག་སྐྱ་ཡིན་པ་དང་སྤུ་རྩེ་ནི་སེར་སྐྱ་དང་ཡང་ན་དཀར་པོ་ཡིན། དགུན་དུས་ལུས་ཀྱི་སྟེང་གི་སྤུ་ནི་སེར་སྐྱ་དང་སེར་དཀར་ཡིན་པ་

དང་། ལུས་པོའི་གཞོགས་གཉིས་ཀྱི་སྤུ་ནི་རྒྱབ་ཀྱི་སྤུ་ལས་ཅུང་སྣ། འོག་གི་སྤུ་མདོག་ནི་དཀར་པོ་དང་ཉེ་བ་ཡིན། ཡ་མཆུ་དང་མ་མཆུ། སྣ་ཁུངས། རྣ་ཤགས་ཀྱི་རྒྱབ་ངོས་བཅས་ཀྱི་མདོག་ནི་སྨུག་སྐྱ་ཡིན་ལ། རྣ་ཤགས་ཀྱི་རྒྱབ་དང་སྙེ་རྒྱབ་བར་མདོག་སེར་པོའམ་སེར་ནག་གི་སྟོད་གོས་ཡོད་ལ། ལུས་ཀྱི་གཞོགས་གཉིས་ཀྱི་སྤུ་སྲབ་ལ་མདོག་སྨུག་སེར་ཡིན། སྟེར་ངོས་མདོག་སེར་སྐྱའམ་དཀར་པོའི་སྤུ་ཐུང་སྐྱེས་ཡོད།

སྐྱེ་ཁམས་གོམས་གཤིས། ས་མཐོའི་རི་བོང་ནི་མཚོ་ངོས་ལས་མཐོ་ཚད་སྨི3200—5200བར་གྱི་རི་མཐོའི་རྩྭ་ཐང་གི་ན་ཁ་དང་། མཐོ་སྒང་རྩྭ་ཐང་དང་དེ་བཞིན་མཐོ་སྒང་བྱེ་རྗོད། རྩྭ་ཐང་ཁུལ་གྱི་རི་གསེབ་གཤོང་ས། གྲོག་རོང་གི་ས་གནས། རི་འདབས་སོགས་སུ་འཚོ་སྡོད་བྱེད་ཀྱིན་ཡོད། གཙོ་བོར་ཉིན་མོར་འགྲུལ་སྐྱོད་བྱེད་པ་དང་དགུན་ཁར་དགུན་ཉལ་མི་བྱེད། དོང་ཕུག་གྲུབ་ཚུལ་ལ་ཕལ་ཆེར་རིགས་གཉིས་སུ་དབྱེ་ཡོད་དེ། སྐབས་བདེ་བའི་དོང་གི་མ་ལག་ནི་དབྱར་དུས（ཟླ7པ་དང8པ）ཅུང་མང་བ་དང་། དོང་ལམ་སྲབ་ལ་ཐུང་། དུང་ཁུང་གི་མ་ལག་རྙོག་འཛིང་ཆེ་བ་དང་། དོང་གི་རིང་ཚད་ལ་སྨི20ཡས་མས་ཤིག་ཡོད་ཅིང་། དུང་ཁུང་གི་ཡན་ལག་ཏ་ཅང་མང་ལ། ཕན་ཚུན་འབྲེལ་འདྲིས་བྱས་ཏེ་དྲ་དབྱིབས་སུ་གྲུབ་ཡོད། དེའི་ནང་དུ་ཚང་དང་ཟོང་དུང་། དྲི་ཆུག་གསོག་ཉར་ཁང་སོགས་ཡོད། གཟན་ལ་སྔོ་མ་ཅན་གྱི་སྐྱེ་དངོས་དང་སྨན་རིགས་ཟ་བཞིན་ཡོད། སྐྱེ་འཕེལ་གྱི་དུས་ནི་ཁྱབ་ཚུལ་དང་མཚོ་ངོས་ལས་མཐོ་ཚད་ཀྱི་ཁྱད་པར་ཡོད་པས་མི་འདྲ་བ་ཡིན། སྤྱིར་བཏང་ལོ་རེར་ཐེངས1—2བར་སྦྲུམ་པ་དང་། ཟླ4—7པའི་བར་ཕྲུ་གུ་བཙའ་བཞིན་ཡོད། ཐེངས་རེར་ཕྲུ་གུ1—8བར་བཙའ་བཞིན་ཡོད།

ས་ཁམས་ཁྱབ་ཚུལ། རྒྱལ་ནང་དུ་གཙོ་བོར་མཚོ་སྔོན་དང་ཞིན་ཅང་། སི་ཁྲོན། ཀན་སུའུ། བོད་ལྗོངས་བཅས་སུ་ཁྱབ་ཡོད།

སྲུང་སྐྱོབ་རིམ་པ། ཀྲུང་གོའི་སྐྱེ་དངོས་སྣ་མང་རང་བཞིན་གྱི་མིང་ཐོ་དམར་པོ་ལས་ཉེན་ཁ་མེད་པའི་རིགས་ཡིན།（LC）

46. 红耳鼠兔 *Ochotona erythrotis*
英文名：Chinese Red Pika

形态特征：上体毛色随季节不同变化显著。夏毛从吻端、颈侧、额部至臀部为鲜明的红褐色、红棕色或锈黄色，毛基为黑灰色，毛端呈红棕色或黄棕色；体背中央常混杂有黑色毛尖，故有的个体稍显深暗；耳壳背面和内侧边缘被以红棕色的短毛，其基部前面有一束浅色长毛；耳后的颈部具黄白色或黄灰色的披肩；下体自颏部到肛门和四肢的内侧均为灰白色，毛基为黑灰色，毛端为纯白色；前后足背面因黑灰色毛基极短，而纯白色毛端长，故呈纯白色，而足掌部常为污白色，足趾垫和爪为黑色。冬毛吻部、额部或多或少染有淡黄色或棕黄色，其余部分为灰褐色或灰色；耳后颈部的披肩为灰白色或白色；四肢和躯体腹面与夏季相比，毛长而色淡。

生态习性：红耳鼠兔栖息于海拔2000—4000米的山地岩石缝隙、河谷陡岸的裸露峭壁，也偶现于菜田附近。通常5月上中旬开始换夏毛，约9月中旬开始换冬毛。洞穴结构较简单，利用天然裂缝略加扩充而成，亦有的挖掘于芨芨草丛下方。一般不形成洞群，每个个体单独营穴。昼行性，行动敏捷，喜在岩石堆处停歇。食物主要是禾本科和藜科植物。每年5—8月繁殖，年产两胎，每胎产3—7仔。

地理分布：中国特有种，分布于甘肃、青海、四川、云南和西藏。

保护级别：中国生物多样性红色名录－无危（LC）。

46. རྣ་དམར་རི་བོང་། *Ochotona erythrotis*
དབྱིན་ཡིག་གི་མིང་། Chinese Red Pika

གཟུགས་དབྱིབས་ཁྱད་ཆོས། རི་བོང་རྣ་དམར་གྱི་སྟོད་སྤུ་ནི་དུས་ཚིགས་མི་འདྲ་བ་དང་བསྟུན་ནས་འགྱུར་ལྡོག་མངོན་གསལ་འབྱུང་བཞིན་ཡོད། དབྱར་གྱི་སྤུ་ནི་མཆུ་ཏོའི་སྟེ་དང་སྐེ་གཉོགས་དང་དཔྲལ་བ་ནས་འཕོངས་ཚོས་བཅས་མངོན་གསལ་དོད་པའི་ཁམ་དམར་དང་ཇ་མདོག བཙའ་སེར་པོ་བཅས་ཡིན་ལ། སྤུ་རྩ་ནི་ནག་པོ་དང་སྤུ་སྣེ་ནི་སྨུག་པོའམ་ཁམ་སེར་ཡིན། ལུས་པོའི་རྒྱབ་ངོས་ཀྱི་དཀྱིལ་དུ་མདོག་ནག་པོའི་སྤུ་རྩེ་འདྲེས་ཡོད་པས་བྱེ་བྲག་ལ་ལའི་སྤུ་ཁ་ཅུང་སྨུག་པོ་ཡིན། རྣ་ཤུགས་ཀྱི་རྒྱབ་ངོས་དང་ནང་མཐའ་ཏུ་ཁ་དོག་སྨུག་པོའི་སྤུ་ཐུང་ཞིག་སྐྱེས་ཡོད་ལ། རྣ་རྩའི་མདུན་དུ་མདོག་སྐྱ་བོ་ཅན་གྱི་སྤུ་རིང་པོ་ཞིག་ཡོད། རྣ་རྒྱབ་ཀྱི་སྣེ་ལ་མདོག་སེར་དཀར་རམ་ཐལ་མདོག་གི་སྟོད་གོས་བཅིངས་ཡོད། ལུས་འོག་གི་མ་ནི་ནས་བཤད་སྒོའི་བར་དང་རྐང་ལག་གི་ནང་ངོས་ཚང་མ་དཀར་སྐྱ་ཡིན་པ་དང་། སྤུ་གཞི་ཐལ་མདོག་ཡིན་ལ་སྤུ་རྩེ་དཀར་པོ་

ཡིན། སུག་བཞི་ཡི་རྒྱབ་ངོས་ཀྱི་སྤུ་ཐུང་ལ་སྤུ་མདོག་སྐྱ་བོ་ཡིན། སུག་མགོའི་ངོས་ནི་མདོག་དཀར་པོ་ཡིན་ལ། སུག་མཐིལ་དང་སྡེར་མོ་ནི་ནག་པོ་ཡིན། དགུན་དུས་མཚུ་ཏོ་དང་ཐོད་པར་མང་ཤུང་ལ་མ་བལྟོས་པར་མདོག་སེར་པོའམ་སྨུག་པོ་ཡིན་པ་དང་། དེ་མིན་གྱི་ཁག་ནི་སྨུག་སྐྱའམ་སྐྱ་བོ་ཡིན། རྣ་རྒྱབ་ཀྱི་རྣ་ཡི་སྟོད་ཀྱི་མདོག་ནི་སྐྱ་བོའམ་དཀར་པོ་ཡིན། སུག་བཞི་དང་ལུས་པོའི་གསུམ་ངོས་དབྱར་དུས་དང་བསྟུར་ན་སྤུ་རིང་ལ་མདོག་སྐྱ་བོ་ཡིན།

སྐྱེ་ཁམས་གོམས་གཤིས། རྣ་དམར་རི་བོང་ནི་མཚོ་ངོས་ལས་མཐོ་ཚད་སྨི2000—4000བར་གྱི་རི་ཁྲུལ་གྱི་བྲག་རྫོའི་བར་གསེང་དང་། རོང་ས་དང་མཚོ་ཁའི་གཅེར་བུར་མངོན་པའི་གཡང་གཟར་དུ་འཚོ་ལ། སྐབས་འགར་ཚལ་ཞིང་གི་ཉེ་འགྲམ་དུའང་འཚོ་བཞིན་ཡོད། སྤྱིར་བཏང་དུ་ཟླ5པའི་སྟོད་དང་ཟླ་དཀྱིལ་ནས་དབྱར་གྱི་སྤུ་བརྗེ་མགོ་བཙམས་པ་དང་། ཟླ9པའི་ཟླ་དཀྱིལ་ནས་བཟུང་དགུན་གྱི་སྤུ་བརྗེ་མགོ་བཙམས། དོང་ཕུག་གྲུབ་ཚུལ་ཅུང་སླ་སྟེ། རང་བྱུང་གས་སྲུབ་ལ་ཅུང་ལས་སྔོན་བྱས་ཤིང་འཛག་རྩྭ་ཆོམ་བུའི་འོག་སྦོག་འདོན་བྱེད་ཀྱིན་ཡོད། སྤྱིར་བཏང་དུ་དོང་གི་ཚོགས་གྲུབ་མི་ཐུབ་པ་དང་། བྱེ་བྲག་གི་ཁག་སོ་སོ་ཁེར་རྐྱང་གིས་ཚང་གཉེར་བཞིན་ཡོད། མཚན་མོ་འགུལ་སྐྱོད་བྱེད་པ་དང་བདེ་ཕྱུག་འཁྱུག་པོ་ཡིན། བྲག་རྫོའི་བར་ནས་མལ་གསོ་བར་དགའ་ལ། ཟས་རིགས་ནི་གཙོ་བོར་སྔོ་མ་ཅན་གྱི་སྐྱེ་དངོས་དང་ལོ་ཚན་གྱི་རྩི་ཤིང་ཡིན། ལོ་རེའི་ཟླ5—8པའི་བར་དུ་སྐྱེ་འཕེལ་བྱེད་པ་དང་། ལོ་རེར་ཕྲུ་གུ་གཉིས་བཙའ་བཞིན་ཡོད་ལ། ཐེངས་རེར་ཕྲུ་གུ3—7བར་བཙའ་བཞིན་ཡོད།

ས་ཁམས་ཁྱབ་ཚུལ། ཀྲུང་གོའི་དམིགས་བསལ་གྱི་རིགས་ཡིན། རྒྱལ་ནང་དུ་གཙོ་བོར་ཀན་སུའུ་དང་། མཚོ་སྔོན། སི་ཁྲོན། ཡུན་ནན། བོད་ལྗོངས་བཅས་སུ་ཁྱབ་ཡོད།

སྲུང་སྐྱོབ་རིམ་པ། ཀྲུང་གོའི་སྐྱེ་དངོས་སྣ་མང་རང་བཞིན་གྱི་མིང་ཐོ་དམར་པོ་ལས་འཛིག་ཉེན་མེད་པའི་རིགས་ཡིན། (LC)

兔科 Leporidae

47. 灰尾兔 *Lepus oiostolus*
英文名：Woolly Hare

形态特征:成体体重在 2 千克以上。耳廓长,其长度超过头长和后足长。吻部宽阔。爪隐于毛被内。毛被丰厚、柔软。背部毛尖大多弯曲，使毛被呈微波形。尾短，尾呈纯白色或尾背有模糊不清的条纹。上体毛色自鼻端、额、头顶、前耳背、颈背至体背具短而细窄的灰纹，或具灰褐黑色阔条纹。颈下斑呈深浅不一的棕色。下体多呈白色，腹中线一带有或多或少的淡棕色，毛基白色或部分呈灰色。四肢大部显棕白色。

生态习性:灰尾兔分布极广,栖息于海拔 3100—5300 米的各类环境中,选择避风的位置而卧。依据高原的气候特点，不同海拔高度的灰尾兔繁殖期不同，海拔越高，繁殖期越晚，前后可相差一个月左右。植食性，在农业区也盗食农作物的幼苗和果实，食物缺乏时会进入牧场牲畜圈盗食燕麦、青稞、豌豆等。天敌主要为大中型的食肉兽类和猛禽，香鼬和艾鼬虽然体形不大,但也常常袭击其洞穴,盗食幼兔。繁殖期主要在夏季,每年繁殖 2—4 胎，妊娠期约 1 个月，每胎产 4—6 仔。

地理分布：国内主要分布于新疆、四川、甘肃、青海、云南和西藏。

保护级别：中国生物多样性红色名录 – 无危（LC）。

རི་བོང་གི་ཚན་པ། Leporidae

47. རི་བོང་ཛ་སྐྱ། *Lepus oiostolus*
དབྱིན་ཡིག་གི་མིང་། Woolly Hare

གཟུགས་དབྱིབས་ཁྱད་ཆོས། རི་བོང་ཛ་སྐྱ་དར་མའི་ལྗིད་ཚད་ནི་སྟོང་ཁེ2ཡན་ཡིན། རྣ་ཁུང་རིང་ཞིང་དེའི་རིང་ཚད་མགོ་དང་རྐང་སུག་ལས་རིང་། མཆུ་ཏོ་ཅུང་ཡངས་ཤིང་ཆེ། སྡེར་མོ་སྤུ་ནང་དུ་སྦས་ཡོད། སྤུ་མཐུག་ཅིང་འཇམ་ལ། རྒྱབ་ཀྱི་སྤུ་རྩེ་མང་ཆེ་བ་ནང་དུ་གུག་ཡོད་པས་སྤུ་དེ་རླབས་ཕྲན་གྱི་དབྱིབས་སུ་གྱུར། ཛ་མ་ཐུང་ཞིང་མདོག་དཀར་པོ་ཡིན་ལ་ཛ་མའི་རྒྱབ་ངོས་སུ་རབ་རིབ་མི་གསལ་བའི་ཐིག་ཤར་ཡོད། ལུས་ཀྱི་སྟོ་རྩེ་དང་དཔྲལ་བ། མགོ། རྣ་རྒྱབ། སྣེ་རྒྱབ་ནས་འཕོངས་ངོས་བར་ཕྲ་ཞིང་ཆུང་བའི་སྐྱ་རིས་སམ་ཡང་ན་སྨུག་ནག་གི་ཐིག་ཤར་ཡོད། སྣེ་ཡི་འོག་ཏུ་སྲབ་སྟུག་མི་འདྲ་བའི་སྤུ་སྨུག་པོ་སྐྱེས་ཡོད་ལ། ལུས་འོག་གི་སྤུ་མང་ཆེ་བ་དཀར་པོ་ཡིན་པ་དང་གསུམ་དཀྱིལ་ཐིག་རྒྱུད་དུ་མང་ཞུང་གང་ཙང་གི་མདོག་སྨུག་སྐྱའི་སྤུ་སྐྱེས་ཡོད་ལ། སྤུ་རྩ་དཀར་པོའམ་ཆ་ཤས་སྐྱ་བོ་ཡིན། སུག་བཞི་ཕལ་ཆེར་སྨུག་དཀར་ཡིན།

སྐྱེ་ཁམས་གོམས་གཤིས། རི་བོང་ཛ་སྐྱ་ནི་ཁྱབ་ཀྱ་ཆེ་བས་མཚོ་ངོས་ལས་མཐོ་ཚད་སྨི3100—5300བར་གྱི་ཁོར་ཡུག་སྣ་ཚོགས་སུ་འཚོ་སྡོད་བྱེད་ཀྱིན་ཡོད་ལ། རླུང་གཡོལ་གྱི་གནས་ཡུལ་བདམས་ནས་ཉལ་གྱི་ཡོད། ས་མཐོའི་གནམ་གཤིས་ཀྱི་ཁྱད་ཆོས་ལ་གཞིགས་ནས་ས་བབ་མི་འདྲ་བའི་རི་བོང་ཛ་སྐྱ་ཡི་སྐྱེ་འཕེལ་གྱི་དུས་ཚོད་མི་འདྲ་བ་དང་། ས་བབ་ཅི་ཙམ་མཐོ་ན་རྒྱུད་འཕེལ་གྱི་དུས་ཚོད་དེ་ཙམ་གྱིས་འཕྱི་བ་ཡིན། ཐྲ་རྫེས་སུ་ཉེ་བག་ཟླ་བ་གཅིག་ཡས་མས་ཡོད། གཟན་ལ་རྩི་ཤིང་གི་ཟས་གཤིས་དང་ཞིང་ལས་ཁྱལ་གྱི་ལོ་ཏོག་གི་སྨྱུ་གུ་དང་འབྲས་བུ་ཟ་བཞིན་ཡོད། ཟས་རིགས་མ་འདང་བའི་སྐབས་སུ་ཕྱུགས་རར་ཕྱིན་ནས་ཡུ་གུ་དང་ནས། སྲན་མ་སོགས་ཀྱ་བཞིན་ཡོད། སྲོག་གཤེན་ནི་གཅོ་བོར་ཤ་གཟན་སྲོག་ཆགས་ཆེ་འབྲིང་དང་འདབ་ཆགས་ཆེན་པོ་ཡིན་པ་དང་། སྤྲེ་མོང་དང་ཧེ་ལོ་ལྷ་བུའི་གཟུགས་གཞི་ཆེན་པོ་མེད་ཙང་། རྒྱུན་དུ་དོང་ཕུག་ལ་འཛབ་གཏོལ་དང་། རི་བོང་གི་ཕྲུ་གུ་ཀྱ་ཟ་བྱེད་ཀྱིན་ཡོད། གཙོ་བོར་དབྱར་དུས་སུ་རྒྱུད་འཕེལ་བྱེད་པ་དང་། ལོ་རེར་ཕྲུ་གུ2—4བར་བཙའ་བཞིན་ཡོད། མངལ་ཆགས་པའི་དུས་ཚོད་ཟླ་བ1ཙམ་ཡིན་པ་དང་། བཙའ་ཐེངས་རེར་ཕྲུ་གུ4—6བར་བཙའ་བཞིན་ཡོད།

ས་ཁམས་ཁྱབ་ཚུལ། རྒྱལ་ནང་དུ་གཙོ་བོར་ཞིན་ཅང་དང་སི་ཁྲོན། ཀན་སུཅུ། མཚོ་སྔོན། ཡུན་ནན། བོད་ལྗོངས་བཅས་སུ་ཁྱབ་ཡོད།

སྲུང་སྐྱོབ་རིམ་པ། ཀྲུང་གོའི་སྐྱེ་དངོས་སྣ་མང་རང་བཞིན་གྱི་མིང་ཐོ་དམར་པོ་ལས་འཇིག་ཉེན་མེད་པའི་རིགས་ཡིན། (LC)

48. 喜马拉雅旱獭 *Marmota himalayana*
英文名：Himalayan Marmot

形态特征：体长50厘米左右。耳壳短小，颈部粗短，躯体肥胖。尾短而稍显扁平，其长不超过后足长的2倍。四肢短而粗，趾端具爪，爪发达，适于掘土。自鼻端经两眼眉间到两耳前方之间有似三角形的黑色毛区，即“黑三角”，此区域愈近鼻端愈窄，色调愈黑。嘴四周为黄白色、淡棕黄色或橘黄色。眼眶呈黑色，面部两颊到耳外侧基部呈淡黄褐色或浅棕黄色。耳壳呈深棕黄色或深黄色。颈背和体背同色，呈沙黄色、棕黄色或草黄色，毛基呈黑褐色，中段为草黄色或浅黄色，毛尖黑色。背部至臀部黑色毛尖多而显著，常形成不规则的黑色细斑纹。体侧黑色毛尖较少，毛色较体背浅。四肢和足上面呈淡棕黄色或沙黄色，下面与体腹面同色。足掌和爪为黑色。

尾巴背面毛色与体背相同。

生态习性：喜马拉雅旱獭广泛栖息于青藏高原地区的草甸草原上，其数量不因植被群落不同而发生显著的变化。营家族生活。具冬眠习惯，昼行性，每日出洞时间常依太阳照射洞口而定。其活动频率随生态习性的季节变化而定，生态习性的季节变化致使种群内部个体间的接触关系发生季节性变化。出蛰期在草类萌发以前，以持续的较高气温（5℃以上）为主导的综合气候条件为信号；入蛰期在植物大都枯萎后，以持续的低温（0℃以下）为主导的综合气候条件为信号。以禾本科、莎草科及豆科植物的茎、叶为食，亦食小型动物。雌性年产1胎，每胎2—9仔，但以2—4仔为最多。

地理分布：国内主要分布于甘肃、青海、新疆、四川、云南、西藏和内蒙古。

保护级别：中国生物多样性红色名录－无危（LC）。

སོ་མི་བརྗེ་བའི་སྡེ་ཁག RODENTIA
ནགས་བྱིའི་ཚན་པ། Sciuridae

48. ཧི་མ་ལ་ཡའི་འཕྱི་བ། *Marmota himalayana*
དབྱིན་ཡིག་གི་མིང་། Himalayan Marmot

གཟུགས་དབྱིབས་ཁྱད་ཆོས། གཟུགས་ཀྱི་རིང་ཚད་ལི་སྨི50ཡས་མས་ཞིག་ཡིན། རྣ་ཤྲགས་ཐུང་ལ་སྙེ་སྦོམ་ཞིང་རིང་བ་དང་ལུས་པོ་རྒྱགས་པ་ཡིན། རྔ་མ་ཐུང་ལ་ཙུང་ལེབ་མོ་ཡིན། དེའི་རིང་ཐུང་རྒྱབ་ཀྱི་ལྷབ2ལས་མི་བརྒལ། རྐང་ལག་ཐུང་ཞིང་སྦོམ་པ་དང་། སྡེར་མོ་ཡོད་ལ། སྡེར་མོ་ཆེ་བས་ས་རྐོ་བར་འཚམ། སྣ་རྩེ་ནས་མིག་སྤུ་གཉིས་ཀྱི་བར་དང་རྣ་གཉིས་ཀྱི་མདུན་ཕྱོགས་སུ་ཟུར་གསུམ་འདྲ་བའི་སྤུ་ནག་ཡོད་ལ་དེ་ལ“ཟུར་གསུམ་ནག་པོ”ཞེས་ཟེར། ལུས་འདི་སྣ་དང་ཐག་ཇེ་ཉེ་ཕྱིན་པ་དང་བསྟུན་ནས་ཇེ་དོག་ཡིན་ལ་ཁ་དོག་ཇེ་ནག་ཏུ་འགྲོ་བཞིན་ཡོད། མཆུའི་མཐའ་བཞི་ཡི་མདོག་དཀར་པོ་དང་སྨུག་སེར། སེར་པོ་བཅས་ཡིན། མིག་ཀོང་ནི་ནག་པོ་ཡིན་པ་དང་། ཇོ་གདོང་གི་འགྲམ་གཉིས་ནས་རྣ་ཡི་ཕྱི་གཞོགས་ཀྱི་མདོག་སེར་སྐྱའམ་སྨུག་སྐྱ་ཡིན། རྣ་ཤྲགས་ནི་མདོག་སེར་པོའམ་སེར་སྐྱ་ཡིན། སྙེ་རྒྱབ་དང་རྒྱབ་མདོག་གཅིག་འདྲ་ཡིན་ལ་གཙོ་བོར་སེར་

པོ་དང་སྨུག་པོ། སེར་སྐྱ་ཡིན། སྤུ་གཞི་ནག་པོ་ཡིན་ལ་བར་དཀྱིལ་གྱི་མདོག་ནི་སེར་པོ་དང་སྨུག་སེར་ཡིན་ལ། རྒྱབ་ནས་འཕོངས་ཀྱི་སྤུ་ནག་པོ་མང་ལ་མངོན་གསལ་ཡིན། ལུས་པོའི་གཞོགས་ངོས་ཀྱི་སྤུ་ནག་པོ་ཅན་ཙུང་ཞུང་ལ། སྤུ་མདོག་ནི་ལུས་པོའི་རྒྱབ་ངོས་ལས་སྣ་མོད། སུག་བཞིའི་མདོག་སེར་པོའམ་ཡང་ན་སེར་སྐྱ་ཡིན་པ་དང་། འོག་དང་གསུམ་པའི་ངོས་ནི་མཚུངས། རྐང་པ་དང་སྡེར་མོ་ནག་པོ་ཡིན། རྔ་མའི་རྒྱབ་ངོས་ཀྱི་སྤུ་མདོག་ནི་ལུས་པོའི་རྒྱབ་ངོས་དང་གཅིག་མཚུངས་ཡིན།

སྐྱེ་ཁམས་གོམས་གཤིས། རི་མ་ལ་ཡའི་འཕྱི་བ་མདོ་དབུས་མཐོ་སྒང་གི་རྩྭ་ཐང་དུ་ཀྱ་ཁྱབ་དང་འཚོ་སྡོད་བྱེད་ཀྱིན་ཡོད་ཅིང་། དེའི་གྲངས་འབོར་ནི་སྤོ་ཁེབས་ཀྱི་ཁྲུ་ཚོགས་མི་འདྲ་བའི་དབང་གིས་འགྱུར་ལྡོག་མངོན་གསལ་དོད་པོ་ཡོང་གིན་མེད། ཁྲིམ་རྒྱུད་མཉམ་དུ་འཚོ་བ་དང་དགུན་ཉལ་གྱི་གོམས་གཤིས་ཡོད་ལ་ཉིན་དཀར་འགྲོ་བའི་རང་བཞིན་ལྡན་པས། ཉིན་རེར་ཐྲག་ཁུང་ནས་ཐོན་པའི་དུས་ཚོད་ནི་ཉི་འོད་ཁུང་སྒོར་འཕྲོས་པ་དང་བསྟུན་ནས་གཏན་འཁེལ་བྱེད་བཞིན་ཡོད། དེའི་འགུལ་སྐྱོད་ཀྱི་ཚད་ནི་དུས་ཚིགས་ཀྱི་འགྱུར་ལྡོག་དང་བསྟུན་ནས་གཏན་འཁེལ་བྱེད་ཀྱིན་ཡོད། སྐྱེ་ཁམས་གོམས་གཤིས་ཀྱི་དུས་ཚིགས་ཀྱི་འགྱུར་ལྡོག་གིས་ཁྲུ་ཚོགས་ནང་ཁུལ་གྱི་མི་སྣེར་གྱི་འབྲེལ་འདྲིས་ལ་དུས་ཚིགས་རང་བཞིན་གྱི་འགྱུར་ལྡོག་བྱུང་བ་རེད། དགུན་ཉལ་མཇུག་བསྡུས་པའི་དུས་ནི་རྩྭའི་རིགས་ཀྱི་སྦྱུ་གུ་མ་འབུས་གོང་རྒྱུན་མཐུད་ཀྱི་དྲོད་ཚད་ཅུང་མཐོ་བའི་（5°Cཡན）ཕྱོགས་བསྡུས་ཀྱི་གནམ་གཤིས་ཆ་རྐྱེན་ནི་བདེ་ཏགས་ཡིན། དགུན་ཉལ་མགོ་བརྩམས་པའི་དུས་ནི་རྩི་ཤིང་མང་ཆེ་བ་སྐམ་རྗེས་རྒྱུན་མཐུད་ཀྱི་དྲོད་ཚད་དམའ་བའི་ཕྱོགས་བསྡུས་གནམ་གཤིས་ཀྱི་ཆ་རྐྱེན་ནི་བདེ་ཏགས་ཡིན། གཟན་ལ་སྐྱེ་མ་ཅན་གྱི་སྐྱེ་དངོས་དང་བྱེ་རྩྭ། སྨན་མའི་ཚན་གྱི་རྩི་ཤིང་གི་སྡོང་པོ་དང་ལོ་མ་ཟ་ཞིང་། སྲོག་ཆགས་ཆུང་གྲས་ཀྱང་ཟ་བཞིན་ཡོད། མོའི་རིགས་ལ་ལོ་རེར་ཕྲུ་གུ1བཙའ་བཞིན་ཡོད་པ་དང་ཐེངས་རེར་ཕྲུ་གུ2—9བར་བཙའ་བཞིན་ཡོད་མོད། འོན་ཀྱང་མང་ཤོས་ཕྲུ་གུ2—4བར་བཙའ་བཞིན་ཡོད།

ས་ཁམས་ཁྱབ་ཚུལ། རྒྱལ་ནང་དུ་གཙོ་བོར་ཀན་སུའུ་དང་མཚོ་སྔོན། ཞིན་ཅང་། སི་ཁྲོན། ཡུན་ནན། བོད་ལྗོངས། ནང་སོག་བཅས་སུ་ཁྱབ་ཡོད།

སྲུང་སྐྱོབ་རིམ་པ། ཀྲུང་གོའི་སྐྱེ་དངོས་ལྷ་མང་རང་བཞིན་གྱི་མིང་ཐོ་དམར་པོ་ལས་འཛིག་ཉེན་མེད་པའི་རིགས་ཡིན།（LC）

仓鼠科 Cricetidae

49. 根田鼠 *Alexandromys oeconomus*
英文名：Root Vole

形态特征：体长 8—13 厘米。尾较长而细，其长约为体长的 1/3 左右。后足较小，通常小于 2 厘米。耳壳露出被毛外，并被以短毛。身体背面自吻部沿额部、颈背部、背部到臀部毛色一致，呈深棕褐色或灰褐色，毛基均为黑色或黑灰色。耳壳毛色与体背相同。体腹面毛基为黑色，毛尖白色或棕白色，使腹面呈灰白或淡棕黄色。尾两色分明，上面黑褐色，下面灰白或淡黄色，尾端毛束白色。前后足背面呈污白色或淡灰褐色。爪呈淡褐色。

生态习性：根田鼠栖息于海拔 2000—3800 米的山地、森林、草甸、草原和灌丛等地带，其典型生境为上述景观的潮湿地段，如溪流沿岸、灌丛草原、河滩地、泉水溢出地带和沼泽草甸等。以禾本科植物的绿色部分、草籽及嫩树皮等为食。夏秋季进行繁殖。每年繁殖3—4胎，每胎通常有3—9仔。

地理分布：国内主要分布于新疆、青海、四川、甘肃、陕西。

保护级别：中国生物多样性红色名录－无危（LC）。

བྱི་ལའི་ཚན་པ། Cricetidae

49. ཞིང་བྱི། *Alexandromys oeconomus*

དབྱིན་ཡིག་གི་མིང་། Root Vole

གཟུགས་དབྱིབས་ཁྱད་ཆོས། ཞིང་བྱི་ཡི་ལུས་པོའི་རིང་ཚད་ལ་ལི་སྨི8—13ཡོད་ལ། རྔ་མ་རིང་ཞིང་ཐུ་བ་དང་། དེའི་རིང་ཚད་ནི་ཕལ་ཆེར་ལུས་པོའི་རིང་ཚད་ཀྱི1/3ཡས་མས་ཤིག་ཡིན། རྐང་སུག་ནི་ཐུང་ཆུང་ལ་སྦྱིར་བཏང་དུ་ལི་སྨི2ལས་ཆུང་། རྣ་ཤགས་གི་སྤུ་ཕྱི་ནང་མདོན་ལ་རྣ་ཏོག་སྟེང་ལ་སྤུ་ཐུང་སྐྱེས་ཡོད། ལུས་པོའི་རྒྱབ་ངོས་ནི་མཆུ་ཏོ་ནས་དཔྲལ་མཚམས་དང་སྐེ་རྒྱབ། སྒལ་པ་ནས་འཕོངས་ཚོས་ཀྱི་སྤུ་མདོག་གཅིག་མཚུངས་ཡིན་པ་དང་། གཙོ་བོར་ཁམ་སྨུག་དང་ཁམ་སྐྱ་ཡིན་ལ། སྤུ་རྩ་ཚང་མ་ནག་པོའམ་སྐྱ་བོ་ཡིན། རྣ་ཤུན་གྱི་སྤུ་མདོག་དང་ལུས་རྒྱབ་གཅིག་མཚུངས་ཡིན། གསུམ་པའི་སྤུ་གཞི་ནག་པོ་ཡིན་པ་དང་། སྤུ་རྩེ་དཀར་པོའམ་ཡང་ན་སྨུག་དཀར་ཡིན་པས། གསུམ་ངོས་སྐྱ་བོའམ་སྨུག་པོར་འགྱུར་གྱིན་ཡོད། རྔ་མའི་མདོག་གཉིས་ནི་གསལ་བོ་ཡིན་པས་སྟེང་ནི་སྨུག་སྐྱ་ཡིན་ལ། འོག་ནི་སྐྱ་བོའམ་སེར་སྐྱ་ཡིན། རྔ་རྩེའི་སྤུ་མདོག་དཀར་པོ་

ཡིན། སུག་བཞི་ཡི་རྒྱབ་ཀྱི་མདོག་ནི་དཀར་པོའམ་ཁམ་སྐྱ་ཡིན། ལྟེར་མོ་ཁམ་སྐྱ་ཡིན།

སྐྱེ་ཁམས་གོམས་གཤིས། ཞིང་བྱི་ནི་མཚོ་ངོས་ལས་མཐོ་ཚད་སྨི2000—3800བར་གྱི་རི་ཁུལ་དང་ནགས་ཚལ། སྤང་ལྗོངས། རྩྭ་ཐང་། སྔོང་ཐུང་ནགས་ཚལ་སོགས་སུ་འཚོ་སྡོད་བྱེད་ཀྱིན་ཡོད། གཟན་ལ་སྐྱེ་མ་ཅན་གྱི་རྩི་ཤིང་གི་ལྗང་མདོག་གི་ཆ་ཤས་དང་རྩྭ་འབྲུ། ཤིང་ཤུན་སོགས་ཟ་ཞིང་། དབྱར་དུས་སུ་སྐྱེ་འཕེལ་བྱེད། ལོ་རེར་ཕྲུ་གུ3—4བར་བཙའ་བཞིན་ཡོད་ཅིང་། ཐེངས་རེར་རྒྱུན་དུ་ཕྲུ་གུ3—9བར་བཙའ་བཞིན་ཡོད།

ས་ཁམས་ཁྱབ་ཚུལ། རྒྱལ་ནང་དུ་གཙོ་བོར་ཞིན་ཅང་མཚོ་སྔོན། སི་ཁྲོན། ཀན་སུའུ། རྟའའན་ཞི་སོགས་སུ་ཁྱབ་ཡོད།

སྲུང་སྐྱོབ་རིམ་པ། ཀྲུང་གོའི་སྐྱེ་དངོས་སྣ་མང་རང་བཞིན་གྱི་མིང་ཐོ་དམར་པོ་ལས་འཛིག་ཉེན་མེད་པའི་རིགས་ཡིན། (LC)

鼹形鼠科 Spalacidae

50. 高原鼢鼠 *Eospalax baileyi*
英文名：Plateau Zokor

形态特征：体型粗壮。吻短，耳壳退化为环绕耳孔的皮褶，不突出于被毛外，眼小，鼻垫呈三叶形。尾短，其长超过后足长，并覆以密毛。四肢较短粗，前后足上面覆以短毛，前足掌的后部具毛，前部和指无毛，后足掌无毛。前足的2—4趾爪发达，特别是中趾爪最长，后足趾爪小而短。通体被毛柔软，并具光泽。鼻垫上缘及唇周为污白色。额部无白色斑。背腹毛色基本一致，均呈灰棕色或暗赭棕色，毛基均为暗灰色，毛尖为赭棕色。尾上面自尾基到尾端暗灰色条纹逐渐变细变弱，尾下面为白色、污白色或土黄白色。

生态习性：高原鼢鼠栖息于海拔2800—4200米的农田、山坡及草甸草原，对高原自然条件有很好的适应能力。主要采食植物的地下根系，也常取食植物地上部分的茎叶。在取食、繁殖、构筑巢窝洞道的挖掘活动中啃食、破坏牧草根系，并将新土堆出地表，形成大小不一的土丘，覆盖了牧草。每年繁殖 1 胎，繁殖期在 4 月中旬至 6 月中旬，每胎多为 2—3 只。

地理分布：中国特有种。国内主要分布于青海、甘肃和四川。

保护级别：中国生物多样性红色名录 - 无危（LC）。

བྱི་ལོང་ཚན་པ། Spalacidae

50. ས་མཐོའི་བྱི་ལོང་། *Eospalax baileyi*
དབྱིན་ཡིག་གི་མིང་། Plateau Zokor

གཟུགས་དབྱིབས་ཁྱད་ཆོས། བྱི་ལོང་གི་གཟུགས་དབྱིབས་སྦོམ་ཞིང་རྒྱགས་པ་དང་། མཇུ་ཐུང་བ་དང་རྣ་ཤྭགས་ཉམས་པས་རྣ་ཁུང་བསྐོར་བའི་པགས་གཉེར་ཡིན་ལ། དེ་སྤུ་ཕྱིའི་སྟེང་དུ་མི་མངོན་ཞིང་། མིག་ཆུང་བ་དང་སྣ་གདན་ནི་འདབ་གསུམ་གྱི་དབྱིབས་སུ་གྲུབ་ཡོད། རྔ་མ་ཐུང་བས་དེའི་རིང་ཐུང་ནི་རྐང་སུག་ལས་རིང་བར་མ་ཟད། ད་དུང་སྤུ་སྟུག་པོས་བཀབ་ཡོད། སུག་བཞི་ཐུང་ཞིང་སྦོམ་པ་དང་། སུག་བཞིའི་ཡི་ཕྱི་རྒྱབ་ལ་སྤུ་ཐུང་སྐྱེས་ཡོད་པ་དང་ལག་སུག་གི་མཐིལ་དུ་སྤུ་ཡོད་ལ་མདུན་ཕྱོགས་དང་མཛུབ་རྐང་སྟེང་ན་སྤུ་མེད། རྐང་སུག་གི་རྒྱབ་ལ་སྤུ་མེད། མདུན་སུག་གི་སྡེར་མོ་ལས་མཛུབ་རྐང2—4ནི་རྒྱས་ཤིང་། ལྷག་པར་དུ་མཛུབ་རྐང་བར་མ་ཆེས་རིང་བ་དང་། རྐང་སུག་གི་མཛུབ་སྡེར་ཆུང་ལ་ཐུང་། ལུས་ཡོངས་ལ་སྤུ་འཇམ་སྐྱེས་ཤིང་འོད་མདངས་ལྡན། སྣ་ཡི་མཐའ་དང་མཇུ་འབྲས་ནི་མདོག་དཀར་པོ་ཡིན། དཔྲལ་བར་ཁྲ་ཐིག་དཀར་པོ་

མེད། གསུམ་རྒྱབ་ཀྱི་སྤུ་མདོག་ནི་ཕལ་ཆེར་གཅིག་འདྲ་ཡིན་ལ། ཚང་མ་སྨུག་སྐྱའམ་ཇ་མདོག་ཡིན། སྤུ་རྩ་ཚང་མ་སྐྱ་བོ་དང་སྤུ་རྩེ་སྨུག་པོ་ཡིན། ཛ་མའི་གཞི་ནས་ཛ་རྩེའི་ཁ་དོག་སྐྱ་བོ་ཅན་གྱི་ཐིག་ཤར་རིམ་གྱིས་ཕྲ་མོར་འགྱུར་ཞིང་། ཛ་མའི་འོག་གི་མདོག་ནི་དཀར་པོ་དང་དཀར་སྐྱ། ཡང་ན་སེར་དཀར་ཡིན།

སྐྱེ་ཁམས་གོམས་གཤིས། ས་མཐོའི་བྱི་ལོང་ནི་ས་བབ་མཐོ་ཚད་སྨི2800—4200བར་གྱི་ཞིང་ཁ་དང་རི་ལྡེབས། ན་ཁ་དང་རྩྭ་ཐང་བཅས་སུ་འཚོ་སྡོད་བྱེད་ཀྱིན་ཡོད་པས་ས་མཐོའི་རང་བྱུང་ཆ་རྐྱེན་དང་འཚམ་མཐུན་ཡོང་རྒྱུར་ནུས་པ་ཆེན་པོ་ལྡན་ཡོད། གཟན་ལ་རྩི་ཤིང་གི་རྩད་པ་སོགས་ཟ་བ་དང་། རྒྱུན་དུ་རྩི་ཤིང་གི་ས་སྟེང་གི་གཞུང་རྟ་དང་ལོ་མ་ཆ་ཤས་ཟ་བཞིན་ཡོད། སྔོ་ཟ་བ་དང་རྒྱུད་སྤེལ་བ། ཚང་ཕུག་བཟོ་བ་བཅས་ཀྱི་ཆེད་དུ་ས་མང་པོ་སྔོག་འདོན་བྱས་པས་གཟན་རྩྭའི་རྩ་ལག་ལ་གནོད་བསྐྱག་བཏང་བར་མ་ཟད། ས་གསར་བ་ས་ངོས་སུ་སྤུངས་ནས་ཆེ་ཆུང་མི་འདྲ་བའི་ས་འབུར་གྲུབ་པས་སྤང་ཐང་གི་གཟན་རྩྭ་ཡང་ཁེབས་པར་བྱས། ལོ་རེར་ཕྲུ་གུ1བཙའ་བཞིན་ཡོད། སྐྱེ་འཕེལ་དུས་ནི་ཟླ4པའི་ཟླ་དཀྱིལ་ནས་ཟླ6པའི་ཟླ་དཀྱིལ་བར་ཡིན་པ་དང་། ཐེངས་རེར་མང་ཤོས་ཕྲུ་གུ2—3བཙའ་བཞིན་ཡོད།

ས་ཁམས་ཁྱབ་ཚུལ། ཀྲུང་གོར་ཡོད་པའི་དམིགས་བསལ་གྱི་རིགས་ཡིན། རྒྱལ་ནང་དུ་གཙོ་བོར་མཚོ་སྔོན་དང་ཀན་སུའུ། སི་ཁྲོན་བཅས་སུ་ཁྱབ་ཡོད།

སྲུང་སྐྱོབ་རིམ་པ། ཀྲུང་གོའི་སྐྱེ་དངོས་སྣ་མང་རང་བཞིན་གྱི་མིང་ཐོ་དམར་པོ་ལས་འཛིག་ཉེན་མེད་པའི་རིགས་ཡིན།（LC）

参考文献

一、图书

[1].Andrew T.Smith, 解焱 . 中国兽类野外手册 [M]. 长沙 : 湖南教育出版社 , 2009.

[2]. 蒋志刚 . 中国生物多样性红色名录 : 脊椎动物 第一卷 哺乳动物 [M].（上中下三册）. 北京 : 科学出版社 , 2021.

[3]. 蒋志刚等著 . 中国哺乳动物多样性及地理分布 [M]. 北京 : 科学出版社 , 2015.

[4]. 刘伟 , 王溪 . 青海脊椎动物种类与分布 [M]. 西宁 : 青海人民出版社 , 2018.

[5]. 刘伟 , 赵昌宏 . 互助北山林区野生动物图鉴 [M]. 西宁 : 青海民族出版社 , 2022: 241–247.

[6]. 王湘国 , 张同作 . 三江源野生动物图谱 [M]. 青海 : 青海人民出版社 , 2022.

[7]. 王香亭 . 甘肃脊椎动物志 [M]. 兰州 : 甘肃科学技术出版社 , 1991.

[8]. 张荣祖 . 中国动物地理 [M]. 北京 : 科学出版社 , 2011.

[9]. 中国科学院西北高原生物研究所 . 青海经济动物志 [M]. 西宁 : 青海人民出版社 , 1989.

二、期刊文章

[1]. 胡一鸣，姚志军，黄志文，等．西藏珠穆朗玛峰国家级自然保护区哺乳动物区系及其垂直变化 [J]. 兽类学报，2014, 34(1): 28–37.

[2]. 黄薇，夏霖，杨奇森，等．青藏高原兽类分布格局及动物地理区划 [J]. 兽类学报，2008,28(4): 375–394.

[3]. 蒋志刚，马勇，吴毅，等．中国哺乳动物多样性 [J]. 生物多样性，2015, 23(3): 351–364.

[4]. 蒋志刚，李立立，胡一鸣，等．青藏高原有蹄类动物多样性和特有性：演化与保护 [J]. 生物多样性，2018, 26(2): 158–170.

[5]. 张广兴，蒲文秀．大通县北川河源区自然保护区野生兽类资源调查 [J]. 青海农林科技，2012(4): 14–16.

[6]. 张荣祖．青藏高原科学考察丛书——《西藏哺乳类》[J]. 兽类学报，1988(1): 78.

[7]. 张同作，江峰，徐波，等．青藏高原濒危兽类保护与管理研究进展 [J]. 兽类学报，2022, 42(5): 490 –507.

ཟུར་ལྟའི་ཡིག་ཆ།

གཅིག དཔེ་དེབ།

[1] Andrew T.Smith, ཅེ་ཡན། ཀྲུང་གོའི་གཅན་གཟན་གྱི་ཕྱི་རོལ་ལག་དེབ། [M] ཁྲང་ཧྲ། ཧུའུ་ནན་སློབ་གསོ་དཔེ་སྐྲུན་ཁང་། 2009.

[2] ཅང་ཀྲི་ཀང་། ཀྲུང་གོའི་སྐྱེ་དངོས་སྣ་མང་རང་བཞིན་གྱི་མིང་ཐོ་དམར་པོའི་རིགས། སྐལ་ཚོགས་ཅན་གྱི་འོ་འཐུང་སྲོག་ཆགས་བམ་པོ་དང་པོ། [M] དེབ་ཆ་ཚང་གསུམ། པེ་ཅིང་། ཚན་རིག་དཔེ་སྐྲུན་ཁང་། 2021.

[3] ཅང་ཀྲི་ཀང་སོགས་ཀྱིས་བརྩམས། ཀྲུང་གོའི་འོ་གསོས་སྲོག་ཆགས་ཀྱི་སྣ་མང་རང་བཞིན་དང་ས་ཁམས་ཁྱབ་ཚུལ། [M] པེ་ཅིང་། ཚན་རིག་དཔེ་སྐྲུན་ཁང་། 2015.

[4] ལིའུ་ལེ་དང་ཡང་ཞི། མཚོ་སྔོན་གྱི་སྐལ་ཚོགས་སྲོག་ཆགས་ཀྱི་རིགས་དང་ཁྱབ་སྟངས། [M] ཟི་ལིང་། མཚོ་སྔོན་མི་དམངས་དཔེ་སྐྲུན་ཁང་། 2018.

[5] ལིའུ་ལེ། ཀྲའོ་ཁྲང་ཧྲུང་། ཧུའུ་ཀྲུའུ་རྫོང་བྱང་གི་ནགས་རིའི་ཁུལ་གྱི་རི་སྐྱེས་སྲོག་ཆགས་རི་མོ། [M] ཟི་ལིང་། མཚོ་སྔོན་མི་རིགས་དཔེ་སྐྲུན་ཁང་། 2022 : 241—247.

[6] ཡང་ཞང་གོ་དང་ཀྲང་ཐུང་ཙའོ། གཙང་གསུམ་ཆུ་འགོའི་རི་སྐྱེས་སྲོག་ཆགས་ཀྱི་དཔེ་རིས། [M] ཟི་ལིང་། མཚོ་སྔོན་མི་དམངས་དཔེ་སྐྲུན་ཁང་། 2022.

[7] ཡང་ཞང་ཧིང་། ཀན་སུའུ་སྐལ་ཚོགས་ཅན་གྱི་སྲོག་ཆགས་ལོ་རྒྱུས། [M] ལན་ཀྲུ། ཀན་སུའུ་ཚན་རིག་ལག་རྩལ་དཔེ་སྐྲུན་ཁང་། 1991.

[8] ཀྲང་ཙུང་ཚུའུ། ཀྲུང་གོའི་སྲོག་ཆགས་ས་ཁམས། [M] པེ་ཅིང་། ཚན་རིག་དཔེ་སྐྲུན་ཁང་། 2011.

[9] ཀྲུང་གོ་ཚན་རིག་ཁང་ནུབ་བྱང་ས་མཐོའི་སྐྱེ་དངོས་ཞིབ་འཇུག་ཁང་། མཚོ་སྔོན་གྱི་དཔལ་འབྱོར་སྲོག་ཆགས་ཀྱི་ལོ་རྒྱུས། [M] ཟི་ལིང་། མཚོ་སྔོན་མི་དམངས་དཔེ་སྐྲུན་ཁང་། 1989.

གཉིས། དུས་དེབ་ཀྱི་རྩོམ་ཡིག

[1] ཧྲའུ་དབྱི་མིང་། ཡའོ་ཀྲི་ཙུན། ཧྲོང་ཀྲི་ཞུན་སོགས། བོད་ཀྱི་ཇོ་མོ་གླང་མའི་རྒྱལ་ཁབ་རིམ་པའི་རང་བྱུང་སྲུང་སྐྱོབ་ཁུལ་གྱི་འོ་འཐུང་སྲོག་ཆགས་ཀྱི་རིགས་དང་དེའི་ཐད་ཀའི་འགྱུར་ལྡོག [J] གཙན་གཟན་གྱི་རིག་གཞུང་དུས་དེབ། 2014, 34(1): 28—37.

[2] ཧྲོང་ལྷེ་དང་ཞ་ལིན། དབྱང་ཆི་སེན་སོགས། མདོ་དབུས་མཐོ་སྒང་གི་སྲོག་ཆགས་རིགས་ཀྱི་ཁྱབ་ཚུལ་དང་སྲོག་ཆགས་ཀྱི་ས་ཁམས་དབྱེ་མཚམས། [J] གཙན་གཟན་གྱི་རིག་གཞུང་དུས་དེབ། 2008(4): 375—394.

[3] ཅང་ཀྲི་ཀང་དང་མ་ཡུང་། ཤུའུ་དབྱི་སོགས། ཀྲུང་གོའི་འོ་འཐུང་སྲོག་ཆགས་ཀྱི་སྣ་མང་རང་བཞིན། [J] སྐྱེ་དངོས་སྣ་མང་རང་བཞིན། 2015, 23(3): 351—364.

[4] ཅང་ཀྲི་ཀང་། ལི་ལི་ལི། ཧྲའུ་དབྱི་མིང་སོགས། མདོ་དབུས་མཐོ་སྒང་གི་རྨིག་པ་ཅན་གྱི་སྲོག་ཆགས་སྣ་མང་རང་བཞིན་དང་དམིགས་བསལ་རང་བཞིན། རིམ་འགྱུར་དང་སྲུང་སྐྱོབ། [J] སྐྱེ་དངོས་སྣ་མང་རང་བཞིན། 2018, 26(2): 158—170.

[5] ཀྲང་ཀོང་ཞིང་། ཕུའུ་ཤུན་ཞིའུ། ཏ་ཐུང་རྫོང་པེ་ཁྲོན་ཧོ་ཡོན་ཁུལ་གྱི་རང་བྱུང་སྲུང་སྐྱོབ་ཁུལ་གྱི་རི་སྐྱེས་གཙན་གཟན་ཐོན་ཁུངས་ལ་རྟོག་ཞིབ། [J] མཚོ་སྔོན་ཞིང་ནགས་ཚན་རྩལ། 2012(4): 14—16.

[6] ཀྲང་ཙུང་ཚུའུ། མདོ་དབུས་མཐོ་སྒང་གི་ཚན་རིག་དང་མཐུན་པའི་རྟོག་ཞིབ་དཔེ་ཚོགས། 《བོད་ཀྱི་འོ་གསོས་རིགས》 [J] གཙན་གཟན་གྱི་རིག་གཞུང་དུས་དེབ། 1988(1): 78.

[7] ཀྲང་ཐུང་ཅའོ། ཅང་ཏྲེང་། ཞུས་པོ་སོགས། མདོ་དབུས་མཐོ་སྒང་གི་སྟོངས་ལ་ཉེ་བའི་རི་དྭགས་རིགས་སྲུང་སྐྱོབ་དང་དོ་དམ་ཞིབ་འཇུག་གི་འཕེལ་རིམ། [J] གཙན་གཟན་གྱི་རིག་གཞུང་དུས་དེབ། 2022, 42(5): 490—507.